翻生公關

——後疫情時代如何面向公眾

利嘉敏 著

U0130531

序一

不經不覺，跟利嘉敏在兩間不同的大學做了 20 年同事。Kaman 負責公關的課程，跟我負責的範疇頗不一樣，但向來都知道她緊貼社會、媒體及行業發展，教學之餘跟業界頻繁互動，亦在報刊撰寫專欄文章。也因此，在大學裏，同學對她的評價向來都很正面，覺得她的課程實用和貼地。

Kaman 在過往已經就着公關相關的題材出版過好幾本書籍，本來也輪不到我來介紹或推薦。翻閱着這本書的章節，裏面充滿了香港以至世界各地的案例，內容豐富而且有趣。在我眼中，很值得在這裏一提的，是作者指出了優秀公關工作的其中一個重要條件：就是要對自己的社會和文化有基本了解，對好壞美醜善惡有基本的判斷能力，亦即是要有「常識」。這看似簡單的要求，卻不一定是人人做得到的。公關工作涉及的就是與公眾溝通，要有能力預估市民對機構的言行的反應，而這就視乎人們對自己要面對的公眾是否有充份的了解。所以，公關工作既有專業的部份，也有屬於「通識」

的部份，這本書大概可以幫助對公關工作有興趣的人思考如何融會專業和常識。

這本書以後疫情時代的公關工作作為開端。Kaman 寫到，「現時公眾的智慧水平提高了，但觸動情緒的爆發點卻降低了。」誠然，民眾的知識和素養比過往高，對「廣告公關」的「戒心」也比過往強。當民眾水平提高了，機構要做的大概就是真誠面對公眾。公關工作的重心是要給人留下良好的印象，但這不等如要「呃呃氹氹」。機構搞清楚自己的價值信念，然後想想自己的價值信念如何跟公眾的價值信念接軌，才是成功之道。

跟 Kaman 共事多年，知道她是一個對公關工作有想法和信念的人，這些想法和信念也可以從這本書中閱讀得到。

李立峯

香港中文大學新聞及傳播學院教授及前院長

序二

一個月前，收到利嘉敏教授來訊：「Luke Sir，可否替我的新書《翻生公關》寫序？」

一秒都無諗，即答：「好呀！My Pleasure！」

事實，小弟每日每週每月都會收到這樣那樣的「邀請」。絕大部份我會請對方「另請高明」，小部份會扮吓嘢「俾我諗諗先，稍後答你！」

然後，再篩出小部份條件啱又有興趣的，再回對方OK。

點解對利教授邀約，一口就答覆，慌死對方收番咁款呢？原因：佢乃本人偶像是也！

每日我肥碌睇 N 份報章，全部先飛快翻閱新聞版，若無要即讀細節，就會翻閱自己的專欄，並非「自戀狂」（都可能有少少），而是，睇睇有無執錯字！

之後，博覽各報專欄。第一個睇的，正是利教授在《香港經濟日報》的專欄《攻關女子》。點解？你唔知！不如睇

吓啦！講少少啦！幽默、過癮、抵死、好玩、具知識性、現代感。每日拜讀，單單學英文及中文的學術名稱已收穫滿滿。

睇完佢專欄，簡單，我會想搵窿捐，因每每俾肥妹老婆窒：「人寫專欄你寫專欄，唔該你睇吓 Kaman 的文字幾充實、幾真、幾有可讀性吖！」

事實，可能是利教授工作需要，故每日博覽大量高質素雜誌（例如 *Harvard Business Review*、*Forbes* 等），又蒐羅大量國際著名商業集團公關危機個案作例子，解釋公關理論，深入淺出，不少讀之極具娛樂性，在不知不覺間已提升自己智慧。

無論你是高官、議員、大機構 CEO、專業人員，尤其公關界，小弟瞓身推薦你快快將《翻生公關》由頭讀到尾。無大豐收感覺的話，請私人搵我回水！真㗎！

曾智華

資深傳媒人

　　活在互聯網及社交媒體年代，世事擾攘紛陳，公關知識顯得至關重要。

　　我在極端酷熱天氣警告下收到《翻生公關》的初稿，本打算分段閱覽後便執筆寫序，誰知想停也停不了，一口氣讀完，溫故而知新，充實而涼快！

　　書內眾多中外公關實例，睿智有趣，有成功的、有災難性的、有失敗後補救得宜的。文字幽默貼地，富現代氣息，加上作者一向有深厚的學術底蘊，書中不乏科學調研，有理有據，說服力十足，無論是企業中高層，或是微塵小薯，必有所獲。如果你認為公關這門子學問八成不關你事，下次公關變「關公」就怨不得人了！

　　最令我饒有興味、深刻反思的，是貫穿整本書的潛藏主軸：「人品好，公關自然好」。好的公關不只是技巧鋪排，更不應是裝出來的掩眼法。讀完此書就好像走了一趟修煉之旅，最後一章正正是個人行走江湖（職場）必備的修心法門。

懂得「知止」，才能讓別人與我們相處時歡喜自在，如沐春風。

　　頃刻大悟，以 Kaman 的知性及修為，不就是一個活生生的典範？

史秀美

經濟日報集團董事總經理

《經濟通》董事總經理

前言：後疫症時代的公關智慧

　　一場影響全球的新冠肺炎，把我們平常看不見的、想不到的、不為意的（又或不想看見、認知或面對的）事情，赤裸裸地像照 X 光一樣，透視於眾人面前。例如，企業／品牌平時吹噓自己關懷社會，但在疫症期間究竟對社會做過甚麼？那才是考驗企業／品牌是否真正對身處之地有社會責任的指標。又或者，在平時無事無幹時，各地政府對社會的管治和政策都是按照一向的模式如常運作，但一場公共健康危機突如其來，那個政府能否當機立斷並適切地在社會做好到位的風險管理、危機管理、前瞻思維、靈活變通、良好溝通、信任凝聚，就是當中領袖／領導層見真章之時。所以，平時把自己講到天花龍鳳、美不勝收、係威係勢也無用，新冠肺炎就像一面魔鏡，將一些最不漂亮的實況或真面目反照出來。

　　這場疫症，也可說是普羅大眾與各領域領袖智慧對碰之役。經歷了一場顛覆現代人生活模式、健康認知和文明假設

的新冠肺炎後，公眾對政府、企業、品牌的評審要求已跟疫症前不一樣了。可以說，疫症前後標誌着公眾智慧一種本質上的蛻變。更值得留意的是，現時公眾的智慧水平提高了，但觸動情緒的爆發點卻降低了，即是說，公眾的情緒很容易一觸即發。面對這樣的公眾，各領域領袖若仍想沿用落後的思維去處理後疫症時代的公眾，只會越發暴露自己的無能兼低智。

要解釋甚麼是後疫症時代的公關智慧，先要明白「公關」最核心的精神在哪裏。公關教科書提供了各式各樣的學術定義，但若要我解釋「公關」究竟是甚麼，我認為用以下這四個字就可清楚蓋涵其中的意思、意義和價值：

面 向 公 眾

這不單單指行出來於公眾眼前亮相，而是一個企業、品牌或領袖的價值觀、個性、姿態、做事手法、溝通方式和方法，以及在關鍵時刻的行事、為人、優先排序等，能否面向公眾？能否跟公眾對口、接軌？或能否在公眾心目中建立到一個剔號（✓）呢？一個人於公眾面前亮相容易，但能行出來令公眾接受、信服、支持甚至喜愛，則需要點智慧才

能做到。

「公關智慧」指的就是一種（一）懂得閱讀公眾期望、情緒、反應；（二）知道如何適當地面對和應對；（三）平時識防範災難發生，有事時識化解災難的智慧。三項有齊，是為高智慧也。

綜合來說，公關智慧需要有面向公眾的閱讀力、洞察力、溝通力、應對力、化解力和執行力。所以，公關智慧跟 IQ（智商）不同，更可以與教育程度和讀書成績毫無關係（或許我們都會想到某些人物，甚至是反比）。讀書成績好，只能說其人「好讀得」，但與課本有緣，未必有人緣和公眾緣，兩者毫無關係，讀過些書但一出來說話就次次烱着公眾者，我們也見過不少。

在後疫症時代，「公眾」有三項特質，我稱之為"3E"：（一）Expressing（好表達的，尤其是不滿情緒）；（二）Evolving（不停進化的）；（三）Elevating（水平和智慧不斷提升的）。面對這樣的公眾，企業、品牌或領袖亦需要具備後疫症時代的公關智慧，才不至於錯讀民情、錯誤判斷、錯漏百出、錯到開巷。

目錄

第 1 章 Business as Usual ？

第 2 章 「公關」定「關公」？

第 3 章 Sell 出個未來

第 4 章 成也品牌，敗也品牌

第 5 章 危機拆彈術

第 6 章 人品好，公關自然好

第 7 章 PR 職場智商

第1章
Business
as Usual？

「知埞」vs.「唔知埞」

　　公眾不斷進化和進步，企業、品牌或領袖在面對公眾時亦需要不停思考、調整和變陣，否則只會每次也招架不住。近年很多公關災難都源自一個問題：只顧 Content（內容）而忽略 Context（社會場景）。現世代許多情況中，Content 本身沒有問題，但當放在錯的 Context，就顯得領導層的敏感度不足。從公關角度來考慮事情、判斷形勢、評估風險時，必須同時考慮 Content 和 Context。以下舉一些例子：

　　（一）2020 年 3 月，澳洲旅遊局花了一筆非常龐大的資金，拍攝了一輯名為 "There's still nothing like Australia" 的廣告來宣傳澳洲旅遊景點。進行 City / National Branding（為一個城市或國家打造品牌形象）本來是各個地方應該做的事，但也要看清時勢。在疫情嚴峻期間叫人飛去澳洲旅行，信息本身已不合時勢，而最諷刺的是，這個宣傳澳洲的廣告在 2020 年 3 月 12 日推出後，不消幾天，澳洲政府便宣佈封城的措施，那輯製作成本不菲的宣傳廣告，變成錯的信息、

錯的時候、錯的投放。

（澳洲旅遊局廣告： ）

（二）Hershey's 朱古力本來也在疫情期間推出了一則溫馨廣告，畫面有大量人與人擁抱表達愛的鏡頭。內容本身其實沒有問題，朱古力甜甜的，跟顯示「溫馨」、「愛」、「關心」等場面配合起來亦很順理成章，但對的信息放在錯的時候，就是大錯特錯。當時各地都不停呼籲要保持社交距離的時候，廣告鼓勵人多擁抱就完全跟社會場景和氣氛唱反調，所以品牌推出廣告後見勢色不對，便主動抽起，及時免卻一場公關災難。

（Hershey's 朱古力廣告： ）

這些故事的教訓是：**考慮事情要周全，即使內容沒問題，也要多想一步去判斷社會場景是否適合**。現在我們身處的社會環境敏感位很多，任何面向公眾的工作，都要對自己身處甚麼環境、場景或語景有一種敏感度，才能洞悉甚麼應該做、甚麼不應該做。

粵語裏有一個詞語，叫「知埞」，意指一個人要對自己

是甚麼身份、對方是甚麼身份、正身處甚麼場景、在這個場景甚麼言行舉止是合宜等，有一種敏感度。這種敏感度但凡面向公眾的人士都需要有，各範疇的領袖尤甚。任何領袖若沒有這種敏感度即對身處的社會脈搏毫不知情、步伐和節奏跟社會完全脫軌，那這個人做出來的每個決定和其行為，必會暴露一種完全「唔知埞」的底牌。

例如，在之前疫情令普羅大眾、各行各業叫苦連天之際，一個對周遭社會場景敏感度高的領袖，都會知道在這個時候宣佈審批自己和高層加薪的決定，必引起公憤。只有一個對社會場景「零知覺」的領袖，才會選擇在民間正經歷百般苦難之時，「唔知埞」地去為自己加薪，即使解釋加薪提案是疫症之前已遞交，但稍為「知埞」的人，都應知道在那個時候批自己加薪，無論甚麼說法或藉口，其他人也只會看成是一個自私和離譜的決定。反之，有點公關智慧的話，如多國領袖即使平時不是無懈可擊，但在人心惶惶、民情躁動的情況下，他們都會自發減薪，如印度總理和南韓總統就主動減薪三成，跟民眾共渡難關。

在商業世界裏，Columbia Sportwear 的主席兼 CEO Tim Boyle 於疫情嚴峻時期宣佈，他會把薪酬減至 1 萬美元，

令公司有足夠資源維持員工的薪酬。Marriott 的主席兼 CEO Arne Sorenson 那時也宣佈他不會在 2020 年領薪，而他的高層團隊亦自願減薪五成。其他企業如 Delta、Disney、Gap 等，都有類似的高層減薪宣佈。誰不喜歡加薪？雖然我們無法知道他們此舉是否出自真心，但坐得上那個位，至少要有智慧去做一個正確判斷，擺一個應該擺的姿態，展現一種肯擔當的態度，懂得在那個時刻 Did the right thing。

當時《哈佛商業評論》（Harvard Business Review）提醒領袖，在社會仍然困難重重時應該如何做：（一）"You should take the largest salary cut yourself..."（你應自動自覺作最大比例的減薪）；（二）"When crisis strikes, lead with humanity"（在最嚴峻的危機當中，應以「人性」考慮去領軍）。甚麼是欠缺「人性」智慧的領袖？在看見社會仍然因疫情傷痕纍纍的時候，宣佈自己加薪，並強調有理有據。那說明甚麼呢？說明了：（一）在困難時間，仍然只以個人福利為最優先考慮，沒有共渡艱苦的承擔；（二）不知或不理會這樣完全是 Wrong Timing（錯得交關的時間），不知的話是毫無智慧，知而不理會則是毫無廉恥；和（三）在艱難時期，若企業領袖／高層仍強行加薪，向公眾宣佈後

必引起公憤，也必為自己服務的機構帶來非常負面的形象，那說明這班人一來沒有 Common Sense，二來沒有面向公眾的智慧，三來亦沒有為大局着想。公眾看到這類「極品」，想條氣順都幾難！

不是說領袖和高層不能加薪，但都要有點智慧去判斷甚麼是好時機、甚麼是壞時機。Timing 很重要，在元氣還未恢復時，如果再做犯眾憎的舉動，等如為自己和機構淋上油點火。

此外，《福布斯》（*Forbes*）在 2021 年疫情打擊全球期間，也提醒領袖何時是提出加薪的最差時機："When track record says no"（當領袖及其團隊過去的成績有目共睹地非常唔掂的時候），這樣還夠膽加薪，理應汗顏。

做人也好，面向公眾也好，都要「知埞」，無論在甚麼領域，若一個領袖對社會場景沒有足夠敏感度的話，必會製造很多不必要的公關災難，而其下屬也必多災多難。

好橋最緊要「中」民心

　　新冠肺炎是一場我們從未遇過的全球公共健康危機，此疫（役）也引發了一些國際關係、政民關係、公共關係等的危機。在企業、品牌或領袖的層面來說，應對新冠肺炎需要的危機管理智慧，比之前任何一類危機都更高，有些本身已無甚智慧的高層／決策人，在疫情當中更暴露其「唔掂當」及「唔知埞」之底牌。不過，亦不見得個個如是，所謂有危就有機，在這麼嚴峻的考驗之下，有些個案不只做法適切，更能應對當下公眾的需求和情緒，關鍵是企業、品牌或領袖的公關智慧有多高。以下是一些企業、品牌或領袖在新冠肺炎期間的聰明做法：

　　（一）西班牙宜家傢俬（IKEA）拍了一輯名為 "Your house has something to tell you" 的廣告，角度從「家」的視覺出發。一起首，我們的「家」就開始說話：「哈囉！我是你的房屋。亦是你家之所在。」（"Hello, I'm your house. Your home."）／「我仍是那個你曾看着孩子長

大的地方，」（"I'm still the place where your children have grown up,"）／「那個你曾慶祝好消息、」（"where you have celebrated good news"）／「那個你面對壞事情的避難所。」（"and taken refuge from the bad."）／「我就是那個你可做回自己的地方。」（"I'm the place where you can be yourself."）／「我就是你的家，無論如何，我會一直留在這裏陪你。」（"I'm your home, and I'll be here for you, no matter what."）最後就是一個 Hashtag、溫馨提示人們在那段時期 #StayHome。一個售賣傢俬和生活的品牌，適時地在那個人人都應減少外出的時候，呼籲人們留在家中，很順理成章。

（宜家傢俬廣告：）

（二）很多博物館在疫情期間都要關閉，位於美國加利福尼亞州洛杉磯的蓋蒂藝術博物館（Getty Museum）也不例外。要在博物館關閉期間仍令人記住自己，就要花點心思。那時嚴峻的疫情令所有人被困在家，全球人類都腌腌悶悶，蓋蒂藝術博物館於是在 Twitter 發起了一個 "Homemade Art Challenge"（在家做藝術挑戰），步驟是：（1）找一

件你喜歡的藝術作品；（2）在家找三種現成的東西；（3）利用這三種現成的東西重新演繹那件藝術作品，然後與別人分享。人們在家呆得太久了，結果這個挑戰一出，頭一個月已有 24,000 人參與。不得不佩服人們的創意和幽默感，例如，有網民把意大利畫家 Master of St. Cecilia 在 1920-1925 年畫的 *Madonna and Child*（《聖母和孩子》）依樣畫葫蘆，把家裏的灰色大毛巾披在頭上當作聖母的斗篷，左手抱着自己的老虎狗代替原畫的初生嬰兒，背景色調亦用上同樣的米白色。雖然「工具」不同，但神情卻有幾分相似，入型入格，令人「笑爆嘴」。還有很多網民在家模仿經典畫作的二次創作，甚具創意和幽默感，在疫情最艱難的時刻為世界帶來一陣小清新。

（網民提交蓋蒂藝術博物館的部份創意畫作： ）

　　西班牙宜家傢俬和美國蓋蒂藝術博物館的好橋，受到公眾甚至業界好評。疫情期間，不少企業、品牌或領袖都有所舉動，但有些明顯「唔知埞」；反之，環顧一些在疫情期間曾獲公眾好評的做法，都有以下三個共通元素：

　　（一）為社會注入正面價值。上至防疫建議、啟發靈感

的點子、激勵人心的鼓勵說話，下至簡單地[...]，[...]，[...]
那個時候都是公眾的「加分位」；

（二）不硬銷自己品牌／產品／領導才能。只有傻人才
會在這個時候自話自說地歌頌自己有幾好／幾勁／幾威。在
這個時候，令人產生好感的做法是呈現出（1）關心公眾福
祉多過個人福祉；（2）會與大家共渡時艱的決心；和（3）
將來有希望；

（三）展現他們如何幫手解決公眾在疫症當下的問題，
和如何令公眾生活好過一點。

所以，不見得疫情對企業、品牌或領袖必是「死路一
條」，若掌握到公眾和社會的呼吸脈搏，可以是展現和突
出自己的良機。美國蓋蒂藝術博物館的 "Homemade Art
Challenge" 便是善用時機令自己突圍而出的一條好橋：
（一）零成本；（二）引發人苦中作樂。那時每個人都顯得
腌悶，相比那些帶着沉重語調製作的廣告，博物館的幽默挑
戰令人眼前一亮；（三）要求的步驟容易做到，而且好玩，
網民參與度（Public Engagement）非常高；（四）在當時
所有博物館都要關閉時，這個挑戰巧妙地在公眾腦海印下蓋
蒂藝術博物館的記憶；（五）此活動亦可順理成章地增加博

物館 "Online Art Collection" 的瀏覽量（因為每幅原畫都有連結連到網上藝術館作詳細講解）。

　　故事啟發：**好橋不一定要天價成本／費用／收費，最緊要能否「中」到公眾心底那時那刻的需要。**此話反過來說亦可：支出龐大的大工程／「大龍鳳」，不一定是絕世好橋。無成效、品質差、失民心的項目花費，如同摔錢落鹹水海，最後通常落得不知點收科或不了了之。此類大頭佛案例其實亦有不少。

邊度跌倒邊度起身

上文提到，對很多企業、品牌或領袖來說，新冠肺炎是一個從未遇過的 Context （社會場景），所以甚具挑戰性，很難做到每一方面都沒有甩漏或每次出招都完美無瑕。其實，現時的公眾又會否期望企業、品牌或領袖「零瑕疵」呢？有智慧的公眾：（一）會明白要求任何企業、品牌或領袖毫無污點／話柄／瑕疵根本無可能；（二）他們的着眼點並非只放在災難事件上，而是在災難發生後，企業、品牌或領袖如何處理、應對和面向公眾；（三）反而不相信太真、善、美的企業／品牌，又或太英明、毫無錯失的領袖。公眾現時更加明白，無論人或機構／物件，越講到自己有幾誇啦啦，真實的落差就越大。

所以，即使有錯，也不能用來定企業、品牌或領袖的死罪，最緊要反而是他們處理的手法和態度。做人和做公關一樣，邊度跌倒就要邊度起番身，有時好和壞個案之分，就是壞個案在跌倒後沒有爬起來的勇氣或能力，而好個案是在壞事發生後，會學習、調校和變陣，然後在仆倒的地方來個「華

麗起身」。以下的例子甚有參考價值。

2020 年 2 月，英國 KFC 推出新的一輯 "Finger Lickin' Good"（「味道好得讓你舔手指」）廣告系列。推出日期是新冠疫情在英國日趨嚴重之時，所以廣告一出即有 163 位當地市民向英國廣告標準局（Advertising Standards Authority）投訴。他們認為在公共衛生危機中，KFC 不應鼓勵／宣傳舔手指這種行為。品牌最終在 3 月撤回廣告。

但英國 KFC 卻沒有因一朝被蛇咬而躲藏起來。在疫情最嚴重的時候，英國 KFC 也要暫停營業。漸漸地，人們對社交距離、Work From Home、沒娛樂、沒運動等被「關在家」的防疫生活感到沉悶，開始渴望在枯燥日子裏有點樂趣。就在這時，英國 KFC 的內部社交媒體團隊想出了一個名叫 #RateMyKFC 的遊戲 Campaign，請網民上載他們在家仿效 KFC 自行炮製的炸雞相片，結果有 13,000 個回應，有些人更在家自製 KFC 的招牌炸雞紙桶，並畫上 KFC 的 Logo 和上校嘜頭，維肖維妙。這個點子創造了強大的公眾參與和投入感（Public Engagement），在 Twitter 上關注者的參與率更高達 101%。

這個 Campaign 聰明之處，是不單止在人們最沉悶時為

他們帶來一點「細藝」和歡樂，更巧妙地呈現出人們對 KFC 炸雞的渴求和懷念，一洗之前在疫情還賣 "Finger Lickin' Good" 廣告之過失。之後，KFC 還將這些由網民上傳的「在家自製 KFC 炸雞」照片剪輯成一條 30 秒的影片，並配上由 Celine Dion 主唱的 *All By Myself* 作為背景音樂，慘情中帶點幽默。影片到尾聲更打上 "We missed you too" 的字眼，預告門市將重新提供外賣服務。此外，KFC 亦索性把自己過去的「污點」轉化為「亮點」——重新推出一個廣告 Campaign，把一桶炸雞旁邊的標語 "It's Finger Lickin' Good" 的 "Finger Lickin'" 作出刻意擦掉的效果，變成 "It's ---- Good"。這個廣告一上市，個個拍手掌。

（KFC「在家自製 KFC 炸雞」影片： ）

（KFC It's ---- Good 廣告： ）

故事啟發：**做人也好，做品牌也好，不要定格在自己的「污點」上，要繼續向前行，並且要邊度跌倒邊度起身，那麼當別人看見你的膽識和不放棄的精神時，至少會眼前一亮或對你刮目相看。**但有些個案卻相反，危機出現後就把自己

縮到山洞去，再也不出來了，那公眾沒有任何正面回憶去代替之前那個負面事件時，記憶就停留在那個不好的觀感上。能正視自己的「污點」，並有勇氣在那個地方爬起來，「污點」也將成為你的「亮點」。

危機變契機

在疫情當中，香港也有成功地把危機變成契機的漂亮個案，它就是新世界集團旗下的商場 K11 Musea 在 2021 年 2 月底的爆疫危機管理。事件的時間線如下：

2021 年 2 月底，K11 Musea 內其中一家食肆「名潮食館」發生爆疫。

2 月 28 日，K11 Musea 主動宣佈即日與翌日（2 月 28 日至 3 月 1 日）關閉進行深層清潔。而在宣佈關閉同時，亦交代了（一）在過去一段時間，已每晚進行全面深層清潔及消毒，和（二）之後會安排 K11 Musea 的員工及租戶的員工進行病毒測試，所有員工包括租戶的員工的測試結果須呈陰性方可上班，而 K11 Musea 的員工之後連續兩個月亦須每星期做測試，測出陰性方可上班。

3 月 1 日早上，K11 Musea 宣佈和交代（一）延長關閉至 3 月 5 日；（二）會於 3 月 3 日安排三部流動檢測車為商場的員工及租戶的員工提供免費檢測，確保全體員工第二次

檢測結果呈陰性才可上班。下午再次交代流動檢測車完成了 1,700 個檢測，約 700 個檢測結果呈陰性。

3 月 4 日，即 K11 Musea 重開前兩天，集團在社交媒體發出一條名為「與 11 部智能消毒機械人共舞」的影片，展示商場在關閉期間，出動了 11 個智能消毒機械人走遍商場各樓層，為每個角落徹底清潔和消毒。影片更配上華爾茲音樂，機械人在背景音樂襯托下，在商場中庭轉動起來就像在跳華爾茲，畫面變得高貴而優雅。此外，影片又把機械人拍得人性化，「眼眨眨」有表情，而且在執行商場各樓層的消毒工作時，在櫥窗前看到波鞋會停下來觀賞，然後想起自己仍有任務在身，便立即歸隊繼續工作。此片推出後，成功扭轉了公眾的注意力，由起初注意「爆疫」變成「跳華爾茲的機械人」，傳媒的報道也用上正面用詞，例如：「K11 MUSEA 智能消毒機械人 邊跳華爾茲邊殺菌消毒抗疫」。

3 月 6 日，商場重開，為了吸引客人消費，K11 Musea 向會員贈送只能在當天使用的四張優惠券，包括一張 150 港元餐飲電子禮券（消費滿 200 港元可用一張）、三張 500 港元美容及個人護理電子禮券（消費滿 1,000 港元可用一張），優惠直接而大方。當天亦是香港首個 Lego 樂園終於開幕（之

前因疫情關係延遲開幕）的日子，優惠再加上樂園開幕，吸引了大批市民湧入商場。所以還未到營業時間已有數百名市民在門外等候入內；進入停車場的車龍，亦引致彌敦道交通擠塞。這些人山人海、市民排長龍的壚冚鏡頭，對商場甚是有利，這樣的場面也是每個商場夢寐以求的情況，尤其是K11 Musea一星期前才受爆疫所困。傳媒的字眼相當正面，例如：「K11 MUSEA 今重開　逾百市民等候入場　多間商舖現人龍」、「K11 MUSEA 中午重開　過百人湧入　食肆晚市預約已滿」、「K11 MUSEA 重開市民排隊進入 有人稱不擔心染疫」等。能夠得到傳媒這樣正面的報道，之前爆疫危機在這個階段基本上已經完全解決。

　　3月8日，又有「新世界集團向商場員工派發3,800元以鼓勵士氣」的新報道在傳媒上出現，這條故事線呈現了企業的人情味，為一個危機的Post-crisis（後危機）時期畫上一個完整的句號。

　　K11 Musea在處理是次爆疫上做了一個把危機變契機的示範。

　　（K11 Musea與11部智能消毒機械人共舞影片： ）

想贏到開巷不能只得一招

商場 K11 Musea 在香港社會處於對疫情仍小心翼翼和帶有焦慮的情緒下爆疫，當時引起了高度關注，但這次 K11 Musea 爆疫的危機處理經驗，也是近年本地個案裏十分罕見的高質公關例子，值得深究。

爆疫事件傳出後，K11 Musea 決定關閉的行動和其後對公眾的交代（包括全面深層清潔及消毒、安排 K11 Musea 的員工及租戶的員工進行病毒測試並要有兩次陰性結果方可上班），快速而利落。當然，很多資深公關人都知道，這是處理危機最基本的標準。不過，這亦是很多公關人只能想得出的標準做法——宣佈關閉→交代之前做了甚麼、之後安排全體員工進行病毒測試等→然後就等重開。這是很多傳統公關人的思維邏輯，並且認為自己已幫公司「做咗嘢」和「做到嘢」。

K11 Musea 背後的團隊在處理商場爆疫危機上，有幾個值得讚賞的地方：（一）他們在行出第一步的時候，早已想到第四、五步該怎樣行；（二）當大家認為他們已做好快

涑行動和交代、沒甚麼可做的時候，他們一切又一一沼心返一拋出新招數，每次都令公眾（甚至行家）有「咦，估你唔到喎！」的驚喜；和（三）當一招又一招都可讓傳媒用正面字眼報道時，自然令公眾慢慢淡化原先爆疫時的恐懼情緒和記憶。

一般傳統公關思維的重點，在於處理了那個危機後就當完事，但從這次 K11 Musea 母公司新世界集團的公關團隊如何拆彈可以看出，他們的焦點並非只放在把炸彈解決了就算，而是放在如何為幾天後重開商場鋪路。若公關思維只放在前者，那做到在 2 月 28 日和 3 月 1 日的關閉行動和交代員工檢測安排就可停止。反之若公關思維能超越前者，並想到重開時要達到怎樣的場面和效果，那就不會在重開商場前如「等運到」般靜待那天來臨。這也是商場背後的公關團隊的工作能被評為超水準的原因。他們在關閉那幾天能做到一招出完又一招，是真正 Proactive（主動）和 Creative（創意）的表現，在香港這個城市實屬罕見。

K11 Musea 在 2 月 28 日和 3 月 1 日的回應雖然是公關標準做法，但環顧現時很多其他危機個案的處理，有些連這個標準都做不到，是故 K11 Musea 背後的公關團隊能清脆利

落地達到一個標準，可說已把第一步做到位。不過，若要看團隊的功力，應看他們在 3 月 4 日到 3 月 8 日使出的每一招，那是令人刮目相看的起點。**值得注意和參考的，不單止是他們每個策略的點子，而是他們出招的次數和時序，是一招、再一招、再來一招一波波的把「靚牌」打出來，絕非一次性（One-off）的行動。**在現時要求極高的公眾面前，一件公關危機發生後，公關意圖只用一招就可扭轉局面是有點癡心妄想的。出色公關和平庸公關絕對是有分別。現時還有人（甚至是公關人）以為危機處理就只是處理那件事情而已。若只是那麼簡單，就不會出現那麼多差強人意的公關結局。

現今社會與以前很不同，公眾現在有智慧、心水清、要求高、批判性強，再加上社交媒體建構了一個不受時空限制的公共討論空間，所以現在若爆發公關危機，要處理的豈只是事件本身？現世代的危機處理要同時兼顧：

危機事件本身　＋　社交媒體上的發酵、討論和輿論　＋　公眾情緒和其演變

三者互相影響，而社交媒體上的發酵、討論和興論，與公眾情緒更是相輔相成。很多時，危機事件本身不難處理，例如商場爆疫，只要關閉、消毒便成，但當中的公眾情緒若處理得不好的話，遺留下來的負面記憶，即使在商場徹底消毒後仍可能在公眾腦海裏存在。所以，處理危機事件本身從來只是部份工作而已。這次 K11 Musea 能把商場爆疫的危機妥善處理，是因為他們除了事件本身，還在處理公眾情緒上下工夫，成功把公眾本來的擔憂和恐慌，轉化成正面記憶，甚至對商場重開的期待。

罕有的完勝示範

　　商場 K11 Musea 背後公關團隊的爆疫危機處理，可說是香港罕有的完勝示範，成功關鍵在他們於 3 月 4 日到 3 月 8 日使出的每一招。我們要在每個好案例中吸收箇中養份，才能增進自己的能力。以下是個案的詳細分析：

　　「消毒機械人大跳華爾茲」這個構思出色在哪裏？（一）一般傳統公關思維只會懂得用文字（如公關稿或講稿）說出「我們會進行全面深層清潔及消毒」這個訊息，但這次消毒機械人的影片把商場如何消毒直接呈現給公眾看。「看見」遠比只是「聽見」來得有效和令人心安；（二）即使是拍片，有些人或許只會想到死板地展示工作人員消毒噴灑的過程，但這次的畫面配上華爾茲音樂，由 11 個消毒機械人在中庭有秩序地起舞，而且機械人還會像小朋友一樣對店內的商品充滿好奇，影像得意又輕鬆，公眾未曾看過，自然想繼續看下去，還要是帶着微笑去看。於是商場成功地把公眾由爆疫開始的驚恐情緒，扭轉為愉快兼期待的情緒；（三）在拍攝

機械人於商場消毒的過程中，同時巧妙地展示了商場內一些很「潮」、色彩繽紛和藝術氣息濃厚的角落，刺激了觀眾在商場重開後想再去逛逛或「打卡」的意慾。

一招「估佢唔到」的「消毒機械人大跳華爾茲」「靚招」出完，傳媒報道用字正面，大家基本上已收貨。殊不知這時公關團隊又使出另一招：就是在商場重開當日提供非常吸引的優惠。香港人見慣世面，那些幾十到 100 元的超市現金券之類的補償，已不足以取悅香港人。曾有另一個案運用這招時被人鬧爆「小家」，所以企業使出「優惠」這招時，要麼出手大方一點，要麼乾脆不用，那些「蚊型優惠」對香港人來說，會被看成侮辱。

這次 K11 Musea 於 3 月 6 日重開商場，提供的優惠是在香港任何一個商場中從未見過之大手筆兼真着數，兌現直接而且不繁複，是刺激當天人流最有效的方法。若能在商場重開之日，獲得人山人海的「洗版」相片和報道，那爆疫危機的處理基本上可說是完勝。這需要公關團隊有智慧地：（一）一早把目標定在重開時要做到「迫爆商場」、「人山人海」的效果；（二）然後一步步制訂策略和訂下推出策略的時間表；和（三）真正把目標、策略和時間表的執行（Execution）

做好。這個案是香港鮮有三件事都圓滿做到的個案之一。

商場爆疫的危機處理基本上到此為止，炸彈已拆，但傳媒在 3 月 8 日還報道了集團向商場員工派發 3,800 港元以鼓勵士氣的故事，當中包括清潔工人和保安人員。那已是超越了危機本身的故事。在危機過後兩天的 Post-crisis（後危機）時期，再出現企業層面如何善待員工的後續故事，看得出這場仗如何一步步地獲得勝利：

先處理危機事件本身→再把公眾情緒由負面轉為正面（消毒機械人）→ 再用實際優惠刺激人流（送贈優惠券）→危機事件解決後提升整體企業形象（向商場員工派發 3,800 港元的故事登場）

故事啟發：有些公關人不知哪裏來的假設，以為一場公關危機只用上一招（而且那一招在某些個案裏亦顯得相當平庸）去應對就夠了，心存僥倖覺得可把危機徹底處理或平息，那是「諗少咗」。要成功做到化腐朽為神奇，就要參考這個個案：（一）不能單靠一招；（二）而且每一招單獨使出的話，也要足夠漂亮，那當密集而有時序地一招一招使出來時，就能做出 1+1+1>3 的驚喜效果；（三）看得出背後的公關團隊在策劃內容和時序安排上，比別人努力很多倍，才能成就

最後十分正面的扭轉效果。凡事有因必有果，別人做得出色，不要去羨慕，不要去嫉妒，用心參考學習便是了。

不同地方有不同社會場景

現今世代面向公眾，不能忽略社會場景（Context）的考慮。在運用一些字眼時，可能在某時某地無問題，甚至是稀鬆平常，但若出現在另一個地方，或許會觸動那個地方的人的神經。現今世界非常 Fragmented（支離破碎），不單止國際關係，就連意識形態和價值觀都處於一個前所未有的 Diverged（分岔）局面。大家可能都在說「公義」、「正義」、「和平」、「善良」等字眼，以「公義」為例，全世界都會認同「我們需要維護公義（Uphold Justice）」這句話，但甚麼成份構成了「公義」，則不同意識形態的文化或社會，都有不同的理解。最有趣的是，他們都認為自己對公義之演繹最正確。但若細心分析和研究，各方對公義之定義可能南轅北轍。所以，身處這樣一個時代，當品牌／機構／公眾人物面對公眾時，不能再假設不同社會都在「共享」一個社會場景和價值觀。

疫情期間的社會場景考慮僅是一例，現在疫情過去，

連英國 KFC 也一早重用他們的經典標語 "Finger Lickin' Good"。新冠疫情可說是全球非常暫時性的相同社會場景，但現時已經過去了。在後疫情時期，社會場景又再次「分裂」，不同文化或社會又再重建不同的社會場景。

不同地方對不同話題／議題都帶有不同的敏感度，我們現時需要增加對不同社會場景的敏感度才能化險為夷。例如，北美社會因為近年 Black Lives Matter（BLM）的社會氣氛，對種族歧視的議題份外敏感，故有些護膚品牌如 L'Oreal 已宣佈旗下護膚產品不再（在北美）使用「美白」（White）或「亮白」（Light）等宣傳字眼。相對來說，亞洲地區對含有黑白顏色意味的字眼沒那麼執着，「美白」仍然是亞洲女性對護膚美肌產品的要求，所以護膚產品在亞洲能繼續主打其「美白」效果。

又例如，在亞洲一些現代化城市，上班一族工作壓力大，在日本社會就出現了「社畜」（「會社」和「家畜」）的上班族自嘲用語，指打工仔為了會社（企業）而放棄身為人類的最基本尊嚴，連睡眠、吃飯與社交都草草了事，捨棄私人時間為公司拼了自己的生命。從這個自嘲式的「社畜」用語，可看出日本上班族身心俱疲。2023 年 6 月，日本人事顧

問公司 Persol Research and Consulting Co. 公佈了早前向 18 個國家或地區進行的一項調查，看看不同各地打工仔的快樂程度。調查發現，最不快樂的，是處於十分高壓環境下的日本打工仔，他們快樂程度不足五成，只有 49.1%；而香港地區也好不到那裏，調查指出香港打工仔的快樂指數也只有 56.3%，排尾四。所以，把「工作」描繪成充滿憧憬、夢寐以求的場景，只會令打工仔更加反感。

2021 年，日本鐵路品川站內一條通往商業區的通道，竟出現了一系列掛滿「你期待今天的工作嗎？」的橫額廣告，上班族在早上及傍晚上、下班時間必定能看得到。可以想像，對那些覺得工作已令他們變為「社畜」的上班族來說，看到這樣的廣告必會令他們生起「你攞景定贈興？」的無名火。有日本網民更在 Twitter 發起「# 品川車站前傷得最重的人」的運動，很多人更用二次創作惡搞廣告橫額來表示不滿。廣告原來是由一家專門從事人力及企業轉型業務，名為 Alpha Drive 的公司打的，原意是想強調公司可幫打工仔找到更好的工作，殊不知因廣告訊息「離地」反令上班族反感，結果廣告推出僅一天即要撤掉並需公開道歉。這就是忽略社會場景的後果。

我哋呢班打工仔

　　亞洲地區的打工仔普遍都是工時長、壓力大、兼且加班是日常，故不單止日本，在香港地區與中國內地，情感上也傾向站在上班族那邊，因為大家都有「我哋呢班打工仔」的共情。這也是面向亞洲地區公眾時，品牌／機構／公眾人物必須份外留神的地方。近年在內地，民眾對加班工作已感到非常不滿，在社交媒體上可見越來越多因工作壓力而產生的民怨，而近年好幾宗公關災難，也是因為品牌／機構／公眾人物對打工仔這方面缺乏敏感度而引起。以下舉幾個例子：

　　（一）2019 年，馬雲在一場內部交流會上發表了「996」（「996」指早上九時上班，晚上九時下班，每週工作六天的工作時間制度）言論：「我個人認為，能做『996』是一種巨大的福氣，很多公司、很多人想『996』都沒有機會。」這番話雖然是在內部場合說出來，但在這個沒有秘密的時代，內部發生的任何事一瞬間就可揚到外面去。他那番「加班是福報」的言論隨即引起軒然大波，最終他要在官方

微博上「急兜」，稱「任何公司不應該，也不能強制員工『996』」、並強調阿里巴巴是一家提倡「認真生活，快樂工作」的企業。雖然馬雲馬上「急兜」，但他的「996」言論已經「深入民心」。

（二）寶馬中國在 2021 年 10 月於微博發帖，在一張寶馬跑車照片上加了這一句：「我已經加滿油了，你呢？打工人。」「打工人」一詞，是內地近年興起的潮語，意指要勞動、工資又低的一群，帶有卑微之意，是現代人對職場壓力的一種宣洩。其實，大部份普羅大眾都是打工人或打工仔，他們用「打工人」來自我排遣，作為苦中作樂的自嘲，但給別人嘲笑卻是另一回事。寶馬汽車定位為高檔產品，用「你呢？打工人」就有刻意炫富兼貶低他人之意味。因此，微博帖文甫出，基本上就得罪了全國的打工仔，寶馬迅即「翻車」（內地網絡用語，指被坑、出現意想不到的公關災難）。

故事教訓：**對社會上的基層家庭、打工仔、難向上游的年輕族，企業要提高敏感度，盡量避免使用傷害別人感受之詞語或動作，亦萬萬不能消費他們作煽情之舉。**這些看在現時精明之公眾眼裏，徒增反感。

（三）2020 年 12 月 29 日，拼多多一名女員工在凌晨

一時下班回家途中突然昏厥倒地，急救後不幸離世。2021年1月3日，這件事在互聯網上開始發酵，有自稱拼多多的內部員工在網上表達是工作過勞。翌日早上，拼多多在知乎上的官方賬號竟然出現一句：「你們看底層的人民哪一個不是用命換錢？」這個時候有這麼一句出現，簡直是火上加油！事件瞬間由本來只是輿論升溫的級別，上升到公關危機。雖然這個帖子很快在拼多多的官方賬號上被刪除，但是已經太遲了，有人已截圖並把它重新放上網，互聯網立即瘋狂傳播。當天下午，拼多多聲稱從未在知乎上發佈過官方回應。知乎於當天晚上六時，反證拼多多在知乎註冊用戶的身份是真實無誤，亦公開了拼多多帖文和刪帖的時間。在證據確鑿下，拼多多不能再死撐在知乎上沒發過這個帖，半小時後，拼多多發出道歉聲明，卻聲稱內容是他們的營銷合作供應商員工用個人手機發佈的，其言論不代表拼多多的官方態度。早有壓榨員工傳聞的拼多多在此事發生後市值蒸發了84億美元，上海勞動監察部門介入調查。

近年內地公眾對「996」的加班文化是一面倒的負面，公眾情緒對此引申到對打工人／上班族有一種同哭同悲的共情感，而內地官方和官媒的取態亦非常明確，多次嚴批「畸

形加班現象必須堅決遏制」，所以一切觸及打工仔生涯或苦況的言行，處理時必須打醒十二分精神。

這樣做即自尋死路

　　除了打工仔議題外，近年另一個在內地必定「一觸即發」引起公關災難的議題，就是性別歧視、物化、定型的言論。在內地的公共討論空間中，關於女性的話題被探討得深而廣。近年在內地營銷界別裏，用女性賦權或女性平等的口吻去做營銷已變成一種趨勢，這是因為女性意識在內地已普遍提升，於是很多廣告或營銷都以呈現「女性的人生由自己主導」這類自我賦權的話語，以取悅女性消費者。

　　舉例說，內地內衣品牌 NEIWAI 在 2020 年找了六位不同年齡和身形的普通女性，穿着胸圍和內褲拍了一輯名為 "No Body is Nobody"（「沒有一種身材是微不足道」）的廣告。影片一開始，就播放「致·我的身體」。一位普通女人穿着品牌內衣出場，然後字幕寫着：「平胸，真的不會有負擔。」（Less is more.）另一位是胸部較大的女人，文字則是：「承認胸大，反對無腦」（Gifted body, gifted mind.）。之後到一位媽媽抱着 BB 出場：「成為媽媽後，我沒有丟掉自己。」

（Part-time mum, full-time me.）另一位是肉地十足的圓潤女子，文字這樣襯托她：「我喜歡我的肚腩，喜歡我的人也喜歡它。」（I don't call it a belly, I call it extra charm.）

（NEIWAI "No Body is Nobody" 廣告：）

可以想像，在這個女權抬頭的氣氛下，若有品牌／機構／公眾人物對女性作出有歧視、物化、定型成份的言論／描述，十之有十無好結果。近年有不少外國公關危機就是最好的示範：

（一）日本資生堂在 2016 年邀請了廣告女星小松菜奈飾演一位 25 歲的 OL，片中兩個朋友為她慶祝生日，但小松表示是 "Unhappy Birthday"，因為自己已年屆 25，然後旁邊二人還說出「過了 25 歲就不是女人」、「沒有人會再來寵你可愛了」、「你再也沒有吸引人的魅力了」。看完廣告的網民質問：「是要和所有女性作對嗎？」

（資生堂 "Unhappy Birthday" 廣告：）

（二）Burger King 在 2021 年 3 月 8 日國際婦女節刊登了一個帖文，標題是 "Women belong in the kitchen"（女

人，屬於廚房），雖然本身根⋯⋯⋯⋯⋯⋯⋯2016 廚師

是女性的性別不平等現象，但在當今這個年代講出這種性別

定型的話語，其實憑常識已可知，外界不「鬧爆」至奇。

然而，雖有前車可鑒，但人類總是會重複犯錯，以下是

近期一個國際品牌在內地「踩雷」的案例：

2022 年 3 月 13 日，中國 P&G 會員中心公眾號發佈了

幾張圖像，說是四大「真相」，包括：「女人腳臭是男人的

五倍」、「女人也有體臭，而且胸部最臭」、「再乾淨的女人，

內褲都比男人髒」、「女人的頭髮比男人髒一倍」。帖文尾

段，講完了一大輪女性如何髒和臭之後，一個頭戴「寶潔」

字樣的女孩，推出了品牌產品「我們有全身香香五件套」。

稍有智商的人，都能預測到這個帖文必定出事，皆因：

（一）現今全世界性別平權意識成熟，帶有歧視、侮辱、物

化的字眼必遭圍剿，沒有一個案例可幸免。堂堂跨國大企業，

而且中國更是他們認定的重要市場，竟然不知道女性議題是

內地最容易引起群眾反應的議題之一，那說明公司裏想出和

批准這個點子的那個人／單位，皆屬公關智商較低之級別；

（二）無論品牌／機構／公眾人物，都應有最基本的品格。

以「女人胸部最臭」、「內褲都比男人髒」、「不信現在聞

一下」來推銷，字眼和畫面皆低俗，連最基本的 Decency（合宜、得體的品格）都不達標。這個案例已不止是「低俗營銷」的水平，是比低俗更低的「辱銷」，即先把受眾侮辱成有幾不濟，有時還帶點恐嚇，然後把自己的產品打造成救星一樣來拯救受眾。辱銷是最低層次的營銷手法，品牌妄想靠嚇、靠侮辱人（「妳們女人又臭又髒」）之後，別人還會懷着歡喜感恩之心去搶購你的產品；（三）關於女性這方面的陳述，證實是毫無科學根據，即是「老作」。

一如所料，帖文推出後，3 月 24 日早上，大陸網民圍剿之聲不斷，有女性揚言要杯葛所有寶潔旗下的品牌，《中國婦女報》更揚言，「不尊重女性，會讓你真正被『保潔』」。寶潔在群情洶湧下匆忙刪除文章，作出道歉並指要「嚴肅整頓該賬號的運營」。

女性議題現在是內地最容易引起群眾激烈反應的議題之一，國際或內地品牌對此的敏感度不能再那麼低。**我研究公關危機和社會生態多年，不見得女性特別小氣，但女性卻比男性較願意表達正面及負面情緒，也較願意參與互助群組（實體或虛擬）活動。故當有一群女性感到受冒犯時，在網上那種怒火和凝聚出來的力量，可以非常強大。品牌輕率地**

講出上述蔑視女性的說話，乃自尋死路之舉。若想以此千法
賺女人錢，簡直天方夜譚。

很有香港特色的公關災難

　　香港有個頗獨特的現象，就是香港人有一種很強烈支持本土小店的情懷。香港人平時生活忙碌，有時甚至給人冷漠的印象，但身處此地的人會知道，香港人的人情味，屬於不會花言巧語但卻會默默支持，甚至用行動力撐的那種。近年香港人有一種份外珍惜象徵本土文化的情懷，或許那是因為眼看很多的流逝和不再，所以想保存僅有的，這也是香港人在一定範圍內可做得到的事。

　　在這種情懷下，本土小店變成一種留住香港味道和精神的集體投射。加上這幾年香港不好過，本土小店尤甚，大家都深知，少一家就意味着少了建構香港的一塊，而每一塊消失之後，去填補的那一塊，可能是人面全非、十分陌生的一塊。**若要勾勒近年香港社會情懷的特質，「本土」和「小店」是其中兩個關鍵詞。**

　　近年另一個很獨特的現象是，若本土小店有難，忙碌的香港人也會義不容辭、身體力行地去支持。例如 2022 年，

全港碩果僅存、位於上水的傳統木藝工場「志記鎅木廠」面臨清拆和堆填。經傳媒報道後，很多香港人一湧而至，連影星鍾楚紅也特意去工廠為他們打氣，之後每天都有人專程到訪。這只是近年眾多例子之一，反映本土小店在香港人心目中的特殊地位。若有人或單位對本土小店不公，香港人就會出來抱不平。

但一位本地 YouTuber 卻沒有理解這一點。2022 年 1 月 20 日，她拍片把五星級酒店 688 港元一人份的盆菜、四星級酒店 788 港元二人份的盆菜和茶餐廳（一家本土小店，因每星期風雨不改免費派飯給基層人士而被稱為「良心小店」）128 元一人份的盆菜作比較。片中她邊食邊狠批茶餐廳的盆菜「蝦肉霉爛、髮菜少、鮑魚與五星級酒店的盆菜差太遠」，然後藉提及髮菜少而乘機拿出客戶贊助的生髮產品賣廣告。此片一出，網民一面倒怒罵，令人反感的地方包括：（一）她硬把平民茶餐廳的出品與五星級酒店的出品作比較，根本是不對等的比較，對茶餐廳不公平；（二）自己為了賣生髮產品，不惜傷害良心小店以達到目的。網民因為茶餐廳受到不公平評價而為小店抱不平，因而出現了空前搶購潮。這種對本土小店的關懷和支持，是在近年香港才會出現的現象。

這件事本身已有令香港公眾反感的元素，而該 YouTuber 的處理手法更令事件火上加油。由於她被網民「鬧爆」，在翌日即 1 月 21 日便將影片下架，並在 YouTube 公開道歉。但她在道歉時不忘做宣傳，叫人記得去她正籌備的市集。此舉反映她低估了事態的嚴重性。道歉不忘宣傳乃大忌，這也暴露了她在醒目外表底下，實質沒有 Common Sense。1 月 23 日，茶餐廳於 Facebook 發文，透露會考慮控告該 YouTuber 誹謗。之後五星級酒店發表聲明，指並無贊助該 YouTuber 或參與相關短片拍攝。

　　之後事件越鬧越大，本來參與市集的小商戶紛紛退租，YouTuber 只好再次道歉。1 月 25 日，她作出第三次道歉，並表示會將市集中自己攤檔內的收益全部捐出，但網民卻不收貨，該 YouTuber 的人氣斷崖式下跌，消失一段時間後雖再拍新片，但人氣已大不如前。

　　港人鋤強扶弱、為小店抱不平，此非第一宗，但達到像這宗「盆菜事件」那樣引起巨大迴響，則屬首次。這也反映到近年的本地輿情，對經營不易、盛載香港味、富有人情味的小店會份外支持。或許，小店在香港人心目中象徵着一種「我們不想看着它消失」的意義和精神，所以在此時、此地、

此模樣的香港，更想力保它們不失。在香港，傷害小店可以釀成公關災難，這是品牌／機構／公眾人物不可不察的社會場景。

閱讀公眾情緒

　　品牌／機構／公眾人物既然要面向公眾，就要有閱讀公眾情緒（Public Sentiment）的能力。公關智商不高的領袖，只顧自話自說，把要講和想講的講完，就以為已完成份內事，沒有考慮到：究竟公眾現時有甚麼情緒？這種情緒是怎樣形成的？他們有甚麼期望？如何應對他們的情緒？等等。

　　大部份公關要處理的場景，或多或少都涉及一些公眾情緒。反過來說，若公眾沒有反應或情緒，則情況未必有必須立即處理的迫切性。所以，**當有個情景需要公關去拆彈時（如公關危機），那件事必定已處於公眾的關注雷達範圍，而且已掀起某些情緒。**反之，若公眾毫不關心亦沒有反應，那本質上事件未到達危機級別。不過，在很多情況下可以見到，公眾情緒最易被忽視，有些人更只會把公眾情緒籠統地視為「負面」情緒，這是掌握和分析局面時一個非常大的漏洞。一件事如掀起了公眾情緒，那一定是「負面」居多，但負面情緒也有很多種，近幾年在香港最常見的負面公眾情緒包括：

悲哀（Sad）　　憤怒（Angry）　　憤慨（Indignant）
震驚（Shocked）擔心（Worried）焦慮（Anxious）
恐慌（Panicked）無助（Helpless）失望（Disappointed）
無望（Hopeless）

其實，每種情緒都需要不同的應對策略（Strategy），例如，公眾出現擔心、焦慮、驚恐／徬徨的情緒時，應對策略必定是先有消除疑慮和安心保證（Reassurance）。如安撫不到公眾的情緒，做甚麼也只會事倍功半。新冠肺炎第一波爆發時，香港市民曾出現擔心、焦慮、驚恐／徬徨的情緒，體現於搶口罩、搶日用品、搶糧食的行為上。任何社會，面對公眾這類不安卻不知如何做的情緒時，政府必須馬上消除疑慮和作出安心保證，不是單單一句「市民毋須過份擔心」或「市民可以放心」便足夠。若是唸口黃般只需重複又重複這幾句便能搞掂，那就係人都做到領袖或高層啦，不用非某個人坐在某個位不可。

要消除疑慮和作出安心保證，就要向公眾明確和具體地溝通政府正在或將會採取的行動。澳門於疫情期間有些措施做得不錯，舉兩個例子：

（一）新冠疫情爆發初期，個個市民都想撲口罩，公眾

是擔心和恐慌的，而澳門政府那時立即推出一個流動應用程式（App），實時列出每家藥房現時口罩的供應量。而當有一家藥房賣出一盒口罩，那個程式就會實時更新該藥房的口罩存量，澳門市民看見數量充足，先有一份安心，接着社會情緒穩定，就不會在民間出現鬧口罩荒或翻蒸口罩的傳言。而這個應用程式的科技並不複雜，技術上，每個城市都能做到，問題是領導層是否想得到而已。所謂養兵千日，用在一時，若連那一時都用不到，作為話事人和相關部門，是否要自我檢討一下，究竟一直以來，有否白養了連一時也用不着、卻每個月拿高薪的閒人？澳門政府的創科部，就在最需要「做嘢」的那一時真的「做到嘢」。

（二）2022 年 1 月下旬，香港政府在寵物店售賣的倉鼠身上驗出新冠病毒，即時禁止倉鼠進口，漁護署要求市民把倉鼠交出來作「人道處理」，社會立時出現一陣棄養潮。本來只是鄰近城市（香港）發生的事，澳門大可隔岸觀火，又或「睇定啲先」。但澳門官員考慮到澳門市民看到香港有此舉動，或許會產生擔心、不安或不知所措的情緒，包括倉鼠主人／愛護動物人士會擔憂倉鼠會否像香港一樣遭「人道處理」，其他市民又可能會擔心倉鼠有播疫風險，故在這個擔

憂苗頭剛在社會萌芽時，就迅速地做出了令市民安心之舉。政府在官方社交媒體清晰地說明：（1）所有寵物店的倉鼠核酸抽檢結果均為陰性，並（2）呼籲寵物飼主做好個人及寵物的清潔消毒防護措施，和（3）切勿因誤信謠言而遺棄寵物。澳門政府這個決定合情合理，行動快速，令不知如何處理家中倉鼠的澳門市民，多了一份安心，亦可免卻無謂殺生之舉。

面對疫情打擊，從一些政府的舉動，就可看得出那個城市的管治智慧有多高。澳門一個小小的城市，在處理疫情方面（一）策略上情理兼容；（二）決策上快狠準；（三）與市民溝通上亦能做到穩定民心。後來到 2022 年 5 月後，即使澳門開始出現確診病例，但政府對澳門市民的 Reassurance 工作也做得非常好和細緻。全民檢測的安排以及相關的資料（一）公開透明、（二）不間斷地發放，而且（三）善用各種媒體媒介（如拍片和信息圖 [Infographics]）向市民溝通和跟進。

任何人或城市，平時紙上談兵、自吹自擂毫無意義，到真正碰上嚴峻危機時，打真仗時才能見真章。澳門於處理疫情方面，做了很多適切的舉措去穩定民心。所以，當公眾出

現擔心焦慮、驚恐／徬徨的情緒時，不能在毫無具體措施下只單單叫市民「可以放心」或「毋須過份焦慮」，反而要先衡量一下自己有沒有籌碼或甚至資格可以「指下個鼻」空談一下就有人信。如自問沒有的話，便要實實在在有一通盤的務實行動以告之公眾。公眾也會看 Track Record（過去的成績／紀錄）來判斷應否相信對方，有些時候，發言人走出來越叫人「可放心」，就越令人不放心。

社會中市民普遍瀰漫着一種躁動、不安、不滿、憂傷的情緒時，事必有因。何謂有公關智慧？就是要懂得閱讀和應對民眾的情緒。面向公眾時，若連他們當下處於甚麼情緒狀態都不知或不去理，那搞出來的東西，永遠也不能應對民眾。

有種情緒叫條氣唔順

　　公眾情緒有很多種，並非只有上文提到的擔心、不安、恐慌等。有一種情緒，叫「條氣唔順」，這是現代社會近幾年經常察覺到的公眾情緒。遇上對方條氣唔順，有智慧的人都會知道，先不要做甚麼或說甚麼去激化那個局面，以（一）令對方條氣唔順的程度升級，又或（二）令更多的人感到條氣唔順。通常最令公眾產生條氣唔順的情景，離不開以下幾種：（一）眼見無能／無品者坐在管理／領導層高位、掟着高薪卻做着無 Sense 之事；（二）當公眾看見有對待、處理、資源分配不公的時候，即是有「大細超」的情況出現，一方／一班人有特權或受到特別照顧，而其他人的同一權益受剝削的時候；（三）管理層／社會知名人士做錯事無後果；和（四）面向公眾，說法、解釋明顯牽強，但仍若無其事等。

　　2015 年一名香港女學生帶古箏被港鐵職員禁止上車，之後所產生的一連串行為，皆源於不同乘客有不同待遇。當市民得悉女學生帶古箏被禁後，紛紛在網上上載水貨客／外地

遊客攜帶一車二車大型貨物進入港鐵卻沒被阻止的相片，a picture says a thousand words，所以當港鐵公關出來說「港鐵一視同仁」時，對市民來說，欠缺說服力。其實，市民從來不介意嚴謹的標準／規則，但非常介意擺明被「大細超」對待，這件事只是條氣唔順的情緒一直累積下來，最終壓垮駱駝的最後一根稻草而已。當時港鐵需要處理的，就是市民這種覺得機構對待香港女學生和水貨客／外地遊客有差別的情緒。明明個個都見過那些拖大型行李上車的情景，但港鐵公關卻說「一視同仁」，不知是當人盲還是當人傻？應對不到公眾情緒之餘，還火上加油。

2023 年 4 月 19 日，上海寶馬 Mini 參加車展時，被現場人士拍到以下畫面：先有兩位中國籍女士向 Mini 的工作人員索取冰淇淋，工作人員稱已派完。但隨後，有位外籍男士走到 Mini 展台前索取冰淇淋，兩位工作人員竟拿出一盒冰淇淋並教他怎樣食用。片段一上載上網，「寶馬 Mini」立即登上微博熱搜榜首位，內地網民聲討寶馬對待訪客有區別，事件之後越鬧越大，即使 Mini 中國在 4 月 20 日下午已在微博道歉，並說「甜寵活動本意是給逛展的大小朋友送上一份甜蜜，因為我們內部管理不細緻和工作人員失職引起了大家的

不愉快，對此我們真心道歉」，但內地公眾卻不收貨。有人說要罷買寶馬，有人把那兩個員工「起底」，有外地公司發通告要求開寶馬的員工一個月內換車，否則會遭解僱，那個冰淇淋品牌 Luneurs 也急忙發聲明割席，稱他們未參與寶馬 Mini 在上海車展裏任何現場運營。內地公眾在此事上被戳中他們最敏感的那條刺，本質上都是因為感到被「大細超」對待而條氣唔順。

再以新冠肺炎的情境作例子。若有一個地方，市民發現達官貴人在某些情況下可享有不同形式的豁免或酌情，又或在物資分配上有特別優惠，那當然會在已經不好過的日子中條氣加倍唔順，躁動情緒隨時被炳着。所以在疫症這類非常時期，一個地方的領袖做事要比平常更謹慎，確保對待和處理任何人、事以及在資源分配上，都能給予公眾一個一視同仁的印象。否則，在人心惶惶下，很容易爆發令公眾憤慨的公關災難，以下是一例：

2020 年年初，內地開始爆疫，社會各界捐贈物資援助最嚴峻的地區湖北武漢，湖北省紅十字會被委任為口罩分配的直接執行單位。武漢協和醫院是最早一批新冠肺炎定點收治醫院，但連續多天對外表示醫療物資不足，兩名武漢協和醫

院的醫生在微博上求救：「不是告急，是沒有了」、「一線防護用品奇缺」。有網民發現，武漢協和醫院只獲分配 3,000 個未標註型號的口罩，但同時被列入肺炎定點收治醫院的武漢仁愛醫院，卻獲分配 18,000 個 KN95 型號口罩。可以想像，疫症當下，人心惶惶，人命關天，湖北省紅十字會竟然在物資分配上出現如此不合理和不公平的問題，教公眾如何順氣？

「大細超」做法爆出後，公眾輿論是強烈憤怒和譴責。雖然會方為分配不均而道歉，但在公眾心目中，仍對很多問題存疑：分配失誤的原因真的是湖北省紅十字會所說的人手不足嗎？還是另有內情？分配方式是由誰制定和執行的？物資分配的依據和原則是甚麼？這一切基本應該交代的問題，都基於不知甚麼原因而沒有清晰交代。於是，很多內地民眾寧可選擇捐款給透明度較高的「韓紅基金會」，因為韓紅曾公開說過：「（她的基金會）一包方便麵都是可以公示的，你們做不到，就別怪社會有質疑。」

綜合以上個案，**現時公眾對於被區別對待非常反感，這也是領袖要切記的地方，要注意決策執行上不能「大細超」。**前線工作人員很多時都是按上頭指示辦事，若上頭吩咐無

論是本地人或非本地人，仟何大型行李一過標準一律不能上車，睇漏眼就當失職處分，相信一定不會出現前線工作人員對水貨客／外地遊客「隻眼開隻眼閉」的情況。這一切視乎管理層的決策和執行決心。

公眾條氣唔順的情緒可以潛伏很久，事件過去不代表啖氣已下，要公眾條氣順番，必須針對他們條氣唔順的主因。單單一句道歉而沒有正視問題，事情過後，條刺仍在。而條氣唔順的情緒可以引申出很多其他情緒，例如失去信任、心懷怨恨、抗拒感，又或凡事都睇唔順眼、不配合等，不可不察。

想人安心就要 TRUE

但凡涉及個人健康、人身安全、公共衛生、私隱風險等議題，公眾必定容易出現擔心、焦慮、驚恐／徬徨的情緒，因為這些議題都關乎自身安危。要做好應對的消除疑慮和安心保證（Reassurance）策略，先不要講一些令人更不安心的說話。環顧處理得較差的個案，要不無憑無據下叫人「毋須過份擔心」；要不還反罵人諸如「立心不良」、「製造不必要恐慌」、「妖言惑眾」，兩者皆對消除公眾疑慮毫無幫助。公眾想看到的，是正視問題的積極態度和解決問題的果斷行動。兩者皆欠奉的話，在公眾眼中任何說話只等同「發噏風」。

「翻生公關」的精髓在於「翻生」兩個字，即是說，我們不期望任何品牌／機構／公眾人物由始至終都是零瑕疵的完美展現，而是當發生不完美的事，我們有沒有辦法把它逆轉成「翻生」的契機？公關固然認為第一印象重要，但漫漫長路走下去，總會有沙石，公眾要看到的，是品牌／機構／

公眾人物如何處理那件不完美的事（即 Crisis Handling）。
翻生公關的契機在於第二印象，即如何在 Crisis Handling
上下工夫。危機爆發不等於死刑，若處理得好，能在公眾
出現擔心或焦慮情緒時，做實事逐步消除疑慮，就是翻生良
機。若局面要用到 Reassurance 策略，以下四個元素必須在
Reassuring Communication 中達到。我將這四個元素以四
個英文字"TRUE"來歸納：

>**T**ransparency（公開透明）；
>
>**R**umor Clarifications（澄清謠言）；
>
>**U**pdates（更新資料）；
>
>**E**ducation（教導公眾如何做）。

會議軟件 Zoom 在疫症期間做了一個不錯的翻生示範。

自 2020 年 3 月，新冠疫症在全球蔓延，Zoom 突然成
為機構和學校必需的會議軟件，使用量隨着大量需求而激
增，但同時又暴露了軟件的私隱漏洞，開始有用戶和媒體報
告在開會或上課期間，不速之客突然加入會議，分享色情內
容或發表種族主義言論，傳媒稱這種行為為「Zoom 轟炸」
（"Zoombooming"）。這不單是滋擾或令人尷尬的惡作
劇那麼簡單，還涉及到更嚴重的私隱安全問題。若一家機構

的內部員工正在用 Zoom 討論商業秘密時，隨時有陌生人進入偷聽，那是十分危險的。如果陸續有此類新聞爆出，將無人再敢用 Zoom。

外圍環境亦對 Zoom 不利。2020 年 3 月 30 日，美國聯邦調查局（FBI）發出警告，說明 Zoom 有網絡安全風險，容易被人隨意闖入。有些機構（包括 FBI、Tesla、NASA 等）和學校宣佈禁止員工／學生使用 Zoom。外部壓力加上內部漏洞，足以令 Zoom 從此消失。另外，競爭對手包括 Google Meet、Skype、Microsoft Teams 都對這個商機虎視眈眈，若 Zoom 處理得不好，用戶仍擔心網絡安全風險，那他們就會選擇其他會議軟件，而且很大機會一去不返。

所以，Zoom 在這時如何處理和溝通、Reassure 公眾（消除疑慮和令人安心）就是關鍵所在。那究竟 Zoom 做了甚麼，令美國業界最後評論這場危機管理為「成功」和一個「正面示範」呢？

2020 年 4 月 1 日，Zoom 創辦人兼 CEO 袁征（Eric Yuan）發表道歉聲明，首先道出問題所在。他坦承 Zoom 使用者暴增，使用方式和使用率遠超他們預期：從 2019 年 12 月的 1,000 萬個用戶，短短四個月內激增至 2020 年 4 月的 4

億個用戶。他也正面承認保護私隱方面存在漏洞，並為此道歉，說公司辜負了廣大社群以及公司對私隱與安全的期待，先表現出一種公開、沒隱瞞（Transparency）的態度。

之後他就聚焦在 Updates 和 Education 上，很務實地向公眾交代過去幾天做了甚麼和未來 90 天將會做甚麼，包括：（一）在 ISO 用戶端中刪除 Facebook SDK；（二）不再向用戶收集個人資料；（三）預設只有教師能分享課堂內容的功能；（四）移除參會者注意力跟蹤器功能；（五）在平台上加密；（六）說明會針對前國家安全局（NSA）駭客 Patrick Wardle 在 Mac 機使用 Zoom 時發現的兩大漏洞進行修正；（七）在未來 90 天停止發展其他新功能，專注解決安全問題；（八）從下週開始，逢星期三舉行一次網絡研討會，向用戶社群提供私隱安全資訊。

4 月 5 日，袁征接受 CNN 直播訪問，以面對面形式再次解釋問題和解決方法。4 月 9 日，他在官方賬號開 Live，首次舉行每週一次的網絡研討會，名為 "Ask Eric Anything"，這又是另一次袁征「見樣」的場景，今次還可讓公眾直接向他問問題。高層「見樣」並表示願意解答任何問題，本身已表達了一種高透明度（Transparent）的姿態。

他在首次 "Ask Eric Anything" 中，報告公司最新的私隱條例更新，並宣佈正在研發 "Waiting Room" 的附加功能，同時教導用戶如何保護自己的 Zoom 領域，防止陌生人進入。

值得留意的是，袁征 4 月 1 日（用文字）、4 月 5 日（在 CNN「見樣」）、4 月 9 日（在 "Ask Eric Anything"「見樣」）每次出來都發佈了一些新資料，這正是關鍵。若出來說話只是重複講來講去的「三幅被」，兼且毫無實際行動和措施，那就不可能達到真正安撫和安心保證的效果。Zoom 這次之所以能拆彈，是用了一個務實的方式快速地消除用戶的擔憂。不足兩個月，*The Guardian* 在同年 6 月這樣報道："Zoom booms as teleconferencing company profits from coronavirus crisis"（「Zoom 受惠於新冠疫情迅速增長」）。Zoom 在那年頭一季已創造了 2,700 萬英鎊的收入。

公眾憤慨情緒不是安撫就能平息

以上提到，公眾情緒有很多種，有擔心、焦慮、恐慌等，應對策略是 Reassurance。 但當公眾出現另一種情緒，例如憤慨時，就要運用另一種應對策略。因為當公眾情緒達到憤慨時，雖然本身未必是受害者，但他們必定看到一些他們認為不公平、不公義、不合理、超離譜、唔啱數、忍無可忍、令人髮指的事情，才會去到這個地步。

例如，社會暴露了一個組織的腐敗或領導的無能、機構包庇有過失的高層人員、欺壓弱勢社群的行為、有違普世價值的言行、專業失德等。公眾每有這種情緒出現，他們所要求和期望的，就不只是安撫或安心保證那麼簡單。公眾想看到的，是認清問題根源並徹底改變（Identification of and change in the root cause）。如果領導層不濟事，令局面不可收拾，這時公眾想看到的，是領導及整個班子下台，而非由那個領導層出來叫人安心。若應對公眾憤慨情緒不對口，民眾有機會變得躁動。

2021 年 12 月，有市民把香港保護兒童會轄下的樂童居的虐兒過程拍下來，事件被本地傳媒頭條報道，指機構內有職員虐兒，公眾譁然。隨着事件一路發展，由開始只有三名職員被捕，到最後共有 34 名職員被捕，當中涉及 40 名兒童曾遭虐待，包括強行餵食、腳夾掌摑、拍打後腦、摔在地上及推撞向石屎牆等，公眾的憤慨輿論有增無減。「保護」原來在圍牆內變成了「虐待」，機構的形象、聲譽、誠信皆破產。去到這個地步，已經不能單靠道歉、安撫和安心保證來平息公眾的憤慨。

　　機構總幹事蔡蘇淑賢過了一個星期（才）終於「蒲頭」，當時做了個 Stand-up，只講了幾點：（一）遺憾事件發生；（二）稱對事件「零容忍」；（三）會作深入檢討並成立及擴大專責小組，包括加入獨立人士及董事會成員；（四）會外聘專家追查院舍鏡頭，並增派一名幼兒中心督導，將懷疑個案通報警方；（五）會維持透明度。可惜，這篇講辭沒有為香港保護兒童會帶來「止血」作用，皆因在公眾看來，核心和根源問題是現任管理層出問題，才會造成結構性、集體式持續虐兒事件，透過一個有份容許／造成／助長現任系統崩潰的領導層，出來以事不關己的口吻講「零容忍」，只會

越發令人髮指。

公眾憤慨的原因包括：為何管理層講到自己好似全不知情？為何管理層要靠街坊揭發才好像恍然大悟？那平時一班管理層做緊乜？這絕非某幾個人的問題，而是整個機構的結構性問題。至少，公眾看到的是管理、監督、監察都出現漏洞。所以，整篇講辭變成非常虛無的表述，沒有達到最核心的問題——管理層疏忽、失職和不負責任。

這篇公關文章看在現今有智慧和批判性高的公眾眼裏，當然不會收貨，有網民批評：「童樂居變了童虐居！」、「集體虐待兒童，人性何在?!」、「缺乏有效監督的結果」、「內部監察形同虛設！」公眾看到的是內部管理層腐敗，沒有真正應對公眾認為最核心的問題，故一切公關回應只是虛假的官話。

有機會翻生嗎？

上文提及童樂居虐兒事件引發公關災難，以下仔細分析當時保護兒童會總幹事蔡蘇淑賢唯一一次「見樣」的 Standup 講辭，整篇公關文的邏輯出現明顯漏洞。

（一）總幹事說：「對違反兒童福祉的行為是『零容忍』」，心水清的公眾會問，若管理層一早兼一直是「零容忍」，又怎會去到有那麼多職員虐兒而被街坊揭發的地步呢？

（二）她又說：「將外聘專家全面追查轄下院舍共 891 支鏡頭，翻看近一個月的畫面。」本應是她與其他管理層的管理、監督職責，變成要請外判專家翻看鏡頭紀錄，公眾很自然會問：那管理層平常工作時從沒翻看錄影嗎？若沒有的話，即是失職；若有的話，是否有知情不報的嫌疑？前者是無能，後者則是無恥。

（三）單靠影片未必能完全呈現事實，虐兒職員會傻到對住鏡頭喪打小孩嗎？只「翻看近一個月的畫面」，未必能

全面掌握真相。

（四）總幹事還說會「成立及擴大專責小組，包括加入獨立人士及董事會成員」。獨立人士是誰？獨立人士不代表獨立調查；而這件事要調查的話，不能只調查到哪個職員牽涉虐兒和虐待過程就停止，而是為甚麼管理層會不知情或甚至無視？這個情況出現了多久（故「翻看近一個月的畫面」不足以解答此疑問）？當中有甚麼人需要問責？回答不到這些問題，那些「專責小組」、「獨立人士」等字眼，只會被公眾視為公關口技。

（五）總幹事強調，「所有職員入職時都已有專業資格，入職後亦要簽署一份職員守則，禁止體罰和暴力的行為」。強調這些毫無意義，因為事實已告訴大家，若機構管理層之後沒有做好監管，有專業資格的人士同樣可以虐兒。

後來蔡蘇淑賢辭職，獲機構接納，新總幹事周舜宜上任。**若要重建機構的形象和聲譽，公眾必須看到機構從根源問題上作出徹底改變。**舊有的管理層，以及容易令公眾勾起對此事記憶和聯想（Association）的象徵，必須徹底更換，才能隨着時間慢慢重建形象。機構後來有更換管理班子，但新的總幹事周舜宜在 2022 年上任時的「變革提升」宣言：即使

內部已有變革，也需要定期在公眾視野內更新訊息，以扭轉在憤慨情緒下遺留的一個非常負面的印象和記憶，這方面卻暫時未見機構做得到或做得足夠好。

很簡單，就香港保護兒童會那個紮馬尾、穿馬姐服裝、用孭帶孭着小孩的標誌（Logo）早就應該更換，皆因（一）這個情景在香港近幾十年已沒再出現，標誌顯得非常過時；和（二）這個標誌令人聯想起虐兒案，因為當時本地傳媒鋪天蓋地報道香港保護兒童會轄下的樂童居虐兒事件，公眾經常看到此標誌，印象深刻，不期然會在腦海把標誌和虐兒事件扯上關聯。事件過後趁機更換那個不合時宜的標誌最為適當。當然，若只更換外表而沒有從根源問題上真的徹底「變革提升」，那就是偽公關。

香港保護兒童會要逆轉壞掉的形象，之後幾年要呈現到實質改變並懂得把達到的改變與公眾溝通，才有機會真正翻生。

極級公關災難

上文提到，危機管理其實要同時管理三個方面：（一）危機事件本身；（二）社交媒體上的發酵、討論和輿論；和（三）公眾情緒和其演變。而且，**社交媒體上發生的所有輿論和分享，都是 Real-time（實時）的，所以現時危機管理，比以前沒有社交媒體的年代複雜得多**。沒有這個危機管理的概念，到災難發生時，無論平時講到幾天花龍鳳，公眾一見到機構如何處理這三個方面，就高下立見。

要數近年在以上三個方面都處理得特別差的本地個案，要數 2022 年 7 月 28 日 Mirror 演唱會墜下大屏幕導致舞蹈員脊椎受傷的極級災難。稱它為「極級」有其原因：（一）屬香港史無前例；（二）視聽畫面震撼；（三）畫面令在場萬幾人，甚至不在場但在社交媒體看到影片的市民極度不安，有些因而患上創傷後遺症（PTSD）；（四）演唱會不能繼續，之後的場數也要取消，Mirror 也需停止演出好幾個月才能重返舞台；（五）外國傳媒亦有報道墜下大屏幕事件。

事件確實是香港演唱會史上的極級災難，但 Mirror 的經理人公司 MakerVille 和背後的總公司 PCCW 在處理是次災難時，可謂徹底暴露了「不以人為本」的特質。若要形容是次主辦單位大國文化（PCCW 主席以私人名義收購的娛樂集團）及 MakerVille（Mirror 的經理人公司，同屬 PCCW 旗下）的危機處理，三個字可以講完：「冷處理」——完全無理會公眾情緒，對社交媒體上的發酵、討論和輿論亦無回應過，只呼籲網民不要分享影片，以免加深社會的不安。這個呼籲當然對公司有利，但若那麼關心公眾情緒，應該做的事又豈止叫人不要傳播影片？再講講處理事件本身，且看以下幾點：

　　（一）事發當晚，ViuTV 的 CEO 魯暉在醫院走出來道個歉、鞠個躬，之後就再無高層回應或交代。發生這樣一件令社會震撼的大事，背後的大老闆竟從未「見樣」，若是發生在其父親旗下的公司，相信他必定在當晚已到醫院探望和慰問傷者了。

　　（二）主辦單位大國文化及 MakerVille 翌日聲明「若發現有任何人或單位涉及不當行為，會立刻報警處理」，又說會「嚴肅跟進」和「承擔傷者醫療費」，整個語調都是責不在己的冰冷公關腔。

（三）發生如此的大災難，公司發表聲明後就而而出现過，無記招、無交代、無溝通。雖說事件當時已進入調查階段，事件細節不宜在那個時候公佈，但公司還是（1）有社會責任去交代；和（2）有很多能展現人性的事可做。例如，即使當時未查出責任屬誰（未知責任何在毋須提及賠償），但也可在記招宣佈即時發放慰問金給受傷舞蹈員及其家人，當作一種心意；亦可在記招說明對其他現場目睹災難的舞蹈員提供心理輔導；又或講述一下 Mirror 十二子的情況和之後的安排，這一切最基本的處理，公司一直無做，甚至連一場記招都未開過。應對這種災難，高層必須「見樣」才是傳達公司「高度關注」、「負責任」和「願意溝通」的人性化表現。可惜在現實裏，公司在翌日發表聲明後便「銷聲匿跡」了兩個半月。至 8 月 11 日，一班「鏡粉」寫了「一群鏡粉的公開信」，譴責 MakerVille、大國文化及 PCCW 不要再「龜縮」，要求公司召開記者會交代和公佈內部調查結果，以及希望公司對事故作出回應和後續行動。但三家被點名的公司卻毫無反應，繼續「龜縮」。

發生這麼大的事故，全香港甚至全世界都知，但有關公司竟用這種擺明「冷處理」的態度回應，不知是否以為自己

當「睇佢唔到」，又或「側側膊唔多覺」，其他人就會如是
觀？定係真的相信「只要自己唔尷尬，尷尬的就係人哋」？
又或者自以為有 Mirror 十二子這張皇牌在手，「過一陣出
番嚟就冇事」？我不能揣測公司話得事的高層個腦當時諗緊
乜，但如此程度的公關災難，卻「冷處理」到連最 Minimal
需讓公眾看到的舉動都沒去做。環顧香港的公關歷史，相信
暫沒有其他公司做得到。

「卜吒先算」心態死得人多

　　Mirror 演唱會發生大屏幕墜下令舞蹈員受傷的事故在 2022 年 7 月 28 日發生，演唱會主辦單位兼 Mirror 的經理人公司 MakerVille 第一次發聲明回應是在 10 月 7 日。該意外發生後已成為社會事件，嚴重程度史無前例，但 MakerVille 竟然過了兩個半月才正式回應，這種慢過樹獺的速度，在公關界從未見過。其聲明內容要點如下：

　　（一）解釋沉默兩個半月的原因，是「希望首先專心照顧好傷者的需要」；

　　（二）「會聘請獨立第三方專家協助調查」，但又說「現階段未能逐一交代」，即無任何新資料；

　　（三）「委聘製作團隊以經驗為先，成本非首要考慮」，但事實卻是製作了個爛效果出來；

　　（四）「盡力協助傷者及承諾承擔他們的醫療費用」、「初心不變」、和「一起成長、一起守護 Mirror」。

　　販賣情緒這一招現今已經過時了，發生如此重大的事

故，公眾要看到的，是以人為本的處理和應變手段，但公司對「人」（傷者、舞蹈員、Mirror 十二子和公眾）的處理完全不達標，這時再搬出「初心」、「一起」、「守護」之說，欠缺說服力兼肉麻當誠懇。此外，等到 Mirror 復出前才發聲明，把危機交代和宣傳放在一起，是很低級的手法。Mirror 十二子沒有錯，公眾想支持自然會繼續支持，但形象已不討好的經理人公司走出來呼籲公眾「一起守護 Mirror」，反而畫蛇添足，徒增反感。

其實除了第一點之外，第二至四點都可以早在事故發生翌日就向公眾一一交代，至足足兩個半月後才發個聲明，令人莫名其妙。

或許有人會認為，即使他們處理得差又如何？現在的公關災難在社交媒體的「熱鬧」關注期大概只有兩天，過了兩天，公眾的興趣和討論熱度就開始回落和減退，兩天後又有另一單新聞爆出來，到時公眾注意力又放在新事件上，那還要甚麼危機管理？當公關危機爆出後，只要不出聲、不出現、若無其事般忍他一兩天不就會過去嗎？你看 Mirror，高層「龜縮」兩個幾月，任人點鬧都不回應，等公眾淡忘／淡化件事，過幾個月咪又係好地地？

有些企業高層確實抱持這種僥倖的想法，當公眾統統「腦霧」，以為不管甚麼事，只要過一排人們就會忘記。**其實在我的研究中，近年在社會發生過的一些事，雖然事件本身已經過去，脫離了「危機」狀態，但公眾那啖氣卻未消，即是表面上一切如常，但公眾的記憶還停留在負面的印象和情緒中，只要一提起那件事或那次危機，又或有另一件類似的事情爆發，新仇舊恨就會一湧而上。**

為何危機管理那麼重要？

（一）因為要管理的不只是危機事件本身（那反而是最易成為過去式），而是公眾的情緒和記憶；

（二）現今世代，公眾痛恨不負責任、死不認錯，又或跟公眾鬥氣的姿態，縱然事件本身可以很快過去，但處理手法不達標，會導致公眾心裏的負面情緒、記憶或畫面停留很久。例如，雖然事情已過去，但當我們想起某些人物時會無名火起，因為對他／她的情緒和記憶，仍然滯留在最負面的狀態，未曾化解。

Mirror 十二子無錯，而且無辜，讓人看到處理得不好的，是他們背後的經理人公司，Mirror 和經理人公司是兩個單位，不只「鏡粉」，一般人也分得出。支持 Mirror 是一回事，但

公眾仍會記得，在爆出那個災難後，公司管理層和最高領導人在最關鍵時刻，全部不見人，於是公眾對公司的負面印象就在這裏定了格。日後如不幸再有甚麼壞事爆出來，公司就再沒籌碼挽救形象了。

（三）若危機管理只是管理那件事，老實說，來來去去不外那些招數。反之，**危機管理最重要和最值錢的地方，應該是能管理公眾情緒和記憶。能把公眾的怒氣化解，且能把公眾每想起某個人物／品牌／機構的負面記憶，轉化為正面記憶，那才是最上乘的危機管理手段。**

再退一步分析，Mirror 每位成員的聲勢，都是靠粉絲造就，而非公司「守護」而來的（也實在「守護」不來）。單看演唱會前綵排時間不足、對台上表演者的安全保障不足（如要求 Mirror 成員不戴安全帶又無圍欄保護的情況下在狹窄機關台上跳舞和與觀眾握手）、正式開 Show 那天到凌晨才第一次完成整個綵排、開 Show 頭三天也曾發生險象環生的意外等，就可看出公司（一）預防危機意識不足；（二）沒有做好「守護」Mirror 的本份；而且（三）難辭其咎。

再看那個演唱會危機四伏，機關多卻只綵排一次，稍有危機意識的人都知很大機會出事。在這種情況下竟硬要推

Mirror 十二子上場，反映公司準備「唔咗先算，做咗先算，上咗先算」。

　　從公關角度看，抱着這種「上咗先算」的心態去做事，死得人多；然而，社會卻充斥很多從沒考慮災難發生後如何面對公眾的這類「上咗先算」的人，這也解釋了為何香港的公關災難層出不窮。

出路

　　我們進入後疫情時期，回看這幾年香港元氣大傷，人們也有創傷後遺症，同樣是香港人，但可能不再同聲同氣了。經歷如此大創傷，香港如何復元？如何重生？如何再活潑起來？這是愛香港的人不停思考的問題，因為我們都曾見證過香港應有的水平。

　　一個患上創傷後遺症的人，不太能夠藉着請他／她飲飲食食，又或用平價飛睇場戲，猛對着他／她揮手喊"Hello!"或"Happy!"就可令他／她康復，何況是一個社會？劫後能否重生、能否找到出路，需要不同範疇的人共同籌謀。公關是社會上很多範疇的其中一部份，其專業是面向公眾，所以要比其他人花更多心思去了解和閱讀後疫情時期的公眾性質，或許在社會思考如何復常的漫漫長路上，可以聊作貢獻。

　　後疫情時期的公眾，首先非常厭惡聽到「公關腔」的套話，在我其中一個研究當中，訪問了超過 500 人，當問他們有哪些句子令他們無感覺甚至極度反感時，他們列出了以下

的套話：

- 「此乃個別事件」；
- 「會嚴肅跟進／處理」；
- 「正在密切留意／跟進」；
- 「對此深表遺憾」；
- 「我們做法合乎法律原則」；
- 「不排除任何可能性」；
- 「高度關注事件」；
- 「會作進一步跟進……」；
- 「我們會盡快處理」；
- 「審慎樂觀」；
- 「必要的時候採取法律行動」；
- 「失實指控」／「無中生有」；
- 「很抱歉佔用了公共資源」。

這些「公關腔」，在受訪者眼中既萬能又空洞，機械化而且無靈魂，講咗等如冇講。若公關人只懂運用這種「公關腔」去面對公眾，那即是說，公關界這幾十年無進步過。此外，若公關只能噏出這些係人都識得講卻又毫無效果的套話，那公關的專業和專長在哪？但凡面對公眾都需要思考這

個問題：再沿用公眾已聽到無感覺的套話已經毫無意義，那同一句說話，能否撇甩「公關腔」而用一種更有人味的方法說出來呢？

例如，「此乃個別事件」（"This is an exceptional case"）這句話實屬多餘，公關危機之所以是危機，就是非日常、非常態會發生的事，根本每一單都是個別事件。若想表達「這不是我們的常態」，是否有更人性化的表達方式呢？譬如說：「是，這是一個真實情況，我們也感到震驚，但我想讓你們知道，我們已有小組負責調查這件事的因由和詳情，亦有小組去安慰傷者家人，我們已在積極處理，但需要點時間。畢竟，這是我們機構第一次發生這樣的事情⋯⋯」這樣說比冷冷地拋出一句「此乃個別事件」，起碼與公眾的距離感會小得多。

除了要戒掉「公關腔」，此時此地能令公眾有感覺的元素包括以下幾項：（一）地道香港；（二）本土小店和社區；和（三）有意義有溫度的故事。很有趣，現時在很多方面都發生分歧的香港人當中，唯獨這三個元素是大部份人的 Convergence Point（匯合點）。這固然是品牌的出路，或許亦是重建社會的其中一條出路。

在眾多品牌當中，香港的 lululemon 在疫情期間，在本地社區做了一些務實的事，有些甚至不曾高調宣傳。例如，品牌在 2022 年看到健身和瑜伽中心被迫關閉，很多導師和教練失業，於是迅速成立了 "Ambassador Relief Fund"（「大使援助基金」——他們稱健身教練和瑜伽導師為「大使」），向每位「大使」一次性派發數額不低的援助金，以緩解他們的困境。另外，在第五波疫情下，香港小店的生意大受打擊，品牌決定實行名為「落錯廣告」（"Wrong Ad Placement" Social Campaign）的社區項目，特意將自己品牌的營銷預算「錯誤地」投放在十家受疫情影響的小店的社交專頁，背後是想在艱難時刻為小店提供實際的金錢援助，亦希望在精神上為這些掙扎求存的小店打氣，把 "Be Well" 的信念透過「落錯廣告」為店主帶來祝福。lululemon 在香港這三年最困難的日子中，為本地社區做了不少美事。暫時能在香港為社區加添意義和溫度的品牌不多，香港的 lululemon 在疫症期間的行動是很好的參考例子。

再放遠一點去想，其實香港也是一個品牌，這幾年香港飽受打擊，想幫這個曾經很酷的品牌、甚至是名牌翻生，先

要做好內調，不能只是猛話自己好 Happy 或睇場戲就能搞掂。如何把（一）地道香港；（二）本土小店和社區；和（三）有意義有溫度的故事這三項元素結合在一起，做好內調工夫，值得我們思考。香港若要有出路，就不能再各行各路。

第 2 章
「公關」定「關公」？

公關 101

世界越來越奇怪，認真你未必輸，但一定會癲，在這日日新鮮日日金的世代，要百毒不侵，不妨抽離一點察看一些千奇百怪。有些人和事，用專業公關標準去認真看，要不嚇死、要不激死，但換個角度去看，其實也可以是笑死和（戥當事人）尷尬死的，是上佳的反面教材，也頗具娛樂效果。看過這些反面教材才知要重溫一下最基本的公關原則。

（一）工作份內事是應該的，不要把做份內事大鑼大鼓鋪相當宣傳或呃 Like，因為那是你捽那份人工根本應該做的，把份內事當公關事，例如：坐在冷氣大房影下自己食住個飯盒訴說自己得半小時用膳時間，是突兀矯情肉麻當有趣；

（二）公關顧名思義是面向公眾，即是當中有你的支持或愛戴者，也有反面的，別只顧圍爐取暖；上乘公關能把敵人變成同盟，反之，毫無公關智慧者，能把本應跟你站同一陣線的同盟，都想快快脆同你割席；

（三）企得在鏡頭前，別擺出一副怨婦或怨男酸相，絕

不能從面部表情或語氣中散發自覺好委屈、深深不忿或你哋全部人都唔識貨的嘴臉。皆因對得鏡頭，就代表背後的品牌、機構或地方，不僅影響個人榮辱，而是背後的單位，若因個人的心理缺陷擺出一副充滿怨氣的酸相，那就說明你的心理質素孭不起這個位置；

（四）Third Party Endorsement（第三方認證）好緊要，但這第三方不能是自己友，自己友幫自己講說話，又或搵自己友訪問番自己，那不是第三方認證，而是係人都睇得出的偽公關 Show，極其量只製造了自我陶醉或自欺欺人的效果，對真正局面毫無幫助；

（五）有些說話，不是自己說的，例如，話自己好勁、話自己深受客戶／市民／老細支持，又或聲稱自己好強大。如此自說自話令看的人都（戥佢）尷尬的話，還有甚麼公關可言？真正的公關，是不用自己說出口，卻能令人家有感而發。

以上皆最基本的公關 101，但其實毋須特別上公關課程也應曉得，因這也是最基本的做人 101。若連此基本功亦未曉，咁真係枉讀書矣。

自鳴「得意」

有些形容詞的意思很清晰，例如：你好靚，講者和聽者都有共識，那個「靚」，是漂亮、美麗的讚美，意思正面。又如：你的提議非常有用，這樣說，大家都明「有用」是指幫到手、能解決問題，也是正面。但有些詞彙，包含範圍太廣，往往模稜兩可、詞不達意，令人一頭霧水想問：「噏乜呢？」私人場合普通傾偈，亂噏廿四無所謂，但若在面向公眾的場合，則不太適當。

公眾場合的修辭有兩樣最基本的考慮：（一）含意（Content）的考慮；（二）場景（Context）適宜與否。 先看含意，有些詞彙屬於容易令人誤會或揿爆頭的，如：用上「好有趣」、"Interesting" 或「好得意」等字眼。以「得意」為例，之前有公眾人物形容自己的諗法「好得意」，這個「得意」本身有很多解讀的可能性，究竟是想表達「好鬼 Cutie 同 Kawaii（可愛）」（噢，隻狗仔好得意！）、「好有創意」（你呢個 Idea 幾得意！）抑或「好騎呢／好怪異／好怪誕」

（佢啲行徑好得意吓喎！）呢？當一個詞彙含意可以包含正負毀譽時，公關會提議避免用。事實上，中文詞彙豐富，要幾精準都有，想不出其他更好的話，要不當事人詞窮，要不就是那個場景確實不知如何解畫，於是當事人只能用些意思不明的字眼 Muddle Through（胡混過去）。

再看場景。因為有些詞彙的含意有太多可能性，所以在某些場景，醒目一點的人，都知應盡量避免運用，以免產生誤會，例如，職場上，「知埞」的下屬斷不會公然在開會時評價上司：「老闆，你呢個提議好得意吓喎！」即使當事人原意是讚美，相信該上司聽了也不會份外喜悅吧！又或，以「得意」應用在自己身上，首先是：（一）意思不明；（二）若當事人素來予人非特別跳脫活潑的印象，那就造成強烈的詞與景不相配之效果，令受眾不禁問：「有咩咁得意？」「得意響邊？」若在受眾眼中，Cutie 不見得、創意亦無，那個得意，就只剩怪異了；若製造出這樣的效果，當事人仍自鳴「得意」，咁真係前所未有咁得意咯！

不累贅不矯情的文字最好

公關這專業，需要不斷有寫作 Output（出產）。這種 Output，極考功力，若一句／段小小的文字面世，也要費勁地解釋，那就是失敗。公關寫作是創作，亦是傳播，故以下三點必須謹記：

（一）創作講求的，是背後想法，故文字不能只求文法正確，必須包含意念（Idea）及意思（Meaning）；

（二）面向公眾，就是一個大眾傳播的場景，傳遞的信息必須一步到位（因普羅大眾沒有耐性和責任接收一堆辭不達意、扭扭擰擰或累贅的文字）；

（三）表達風格非常重要，當中包含作風、格調、個性，廣告或公關若行文毫無風格，那替客戶所撰的稿便會流於平庸，公眾看着這個品牌或人物，也只看到一個「庸」字。風格要從「慢慢浸」中培養，惟修煉的第一步，George Orwell 於 1946 年出版的 *Politics and the English Language* 中，談到寫作心得的第一點，很有幫助：“Never use a metaphor, simile, or other figure of speech which you are used to seeing in print"（勿抄襲一般印刷品，如報紙、書本、刊物常見的隱喻、明喻或其他修辭）。那是對公關從業員一記當頭棒喝。那些「共創新天地」、「攜手邁向前」、"XX Get Set Go" 等諸如此類，已翻用幾十年，公眾已看到麻木。

爆疫以來，很多品牌都想表達團結、齊心、你我不分的概念，當中有一些需要費勁解釋原意想表達甚麼甚麼意境（但其實意境要解釋的話，已沒有意境可言），當中也有出色的作品，例如 Nike 的 "If sport has taught us anything, it's that we always comeback stronger together"（運動讓我們相信，一起逆轉，會更強大）。一句 "Stronger together" 的標語，不用又 "We" 又 "Us"，不累贅、不矯情，言簡意賅。

標語水準的客觀標準 (標語創作①)

每個品牌都會有其標語（Tagline / Slogan），別少看那短短一句，正所謂「唔怕生壞命，至怕改壞名」，它的重要性等如一個人的名字，是人家的第一個接觸點。同理，標語雖則短短幾個字，卻是品牌主張、理念、價值和形象的濃縮。標語要見得人，先不求改得好，至少不要改得壞。甚麼是壞的標語呢？

（一）令很多人感覺怪怪的；（二）引來一連串負面反應、或疑問、或嘲諷、或批評；（三）辭不達意，令很多人看了一串字，只產生「你究竟想講咩?!」之感。三樣犯齊，就是客觀指標：個標語唔多掂。

面向公眾，就是要聆聽、要有互動、要明白對家的水準，投身傳理行業的，無論廣告或公關，若很多受眾有負面回饋，不能死撐，也不能自話自說，明明是不符水準之作，切忌拒絕自我反省，而埋怨別人理解力欠奉，無法領略箇中意境。因此，品牌標語創作務必留意以下兩點：

（一）去到很多人都對一個 Tagline 有理解錯誤的情況，那是否先反映出創作人的溝通能力有問題？先後次序、甚麼是因甚麼是果，需要分清楚；

（二）意境之「意」，是指一種難以用筆墨言語具體地明確言傳，但卻能令人感受領悟、意味無窮的境界。最關鍵是「意味無窮」，即令人感到「出音聲之外，乃得真味」之精神境界。未達水準之作，無意亦無味，或只教人一頭霧水，但創作者絕對不能自以為創造出一個與眾不同、曲高和寡的新意境。近年在香港出現的一些標語或句式，只能說 Very Funny，有人想得到、嘅得出亦面到世，真是奇幻過奇幻；其實香港去到現時的狀況，最緊要是水平，面向公眾，即使跟他們意見、立場、看法不同，但若做出高水平的話，那沒問題，公眾會服，若水平不達標、甚至大倒退，給人「笑爆嘴」，就要自己先檢討一下。但凡要面向公眾的場景，都不是一個藝術家面壁自我陶醉的創作時刻。作品水準的高低，是有客觀標準的。

折磨人的作品（標語創作②）

　　品牌／客戶／老細俾唔掂之標語所製造之公關災難累死，案例也有不少。女性內衣品牌 Victoria's Secret 曾有個標語："A Body For Every Body"，究竟何解？即使文法無誤，亦難擺脫拙劣標記。而炸魚連鎖快餐 Long John Silver's 亦曾用過："We Speak Fish"作為標語，同樣語焉不詳，勉強堆砌的文字，既不強力，又無法凸顯品牌個性／強項／理念，未能建立良好印象之餘，反令品牌徒添笑話。

　　標語創作的原則，一樣可應用到政界，尤其是劣作，正所謂「萬般帶不走，惟有劣隨身」，一旦出現，是無法磨滅的紀錄。當年，美國總統卡特欲參加競選連任，不知哪個蠱蟲師爺竟替他度了個 "Not Just Peanuts"（中譯：點止係花生。卡特是種花生農民出身）作標語。天啊！現在是凸顯領袖才能的關鍵時刻，強調他點止係幾粒花生有何意義？重要嗎？雖然不能說一個標語就能定政治人物的生死，但 "Not Just Peanuts" 可以通過團隊的層層單位批核面世，或多或

少反映團隊的質素。結果，卡特不敵列根，連任失敗。

　　從事任何傳理行業，或傳媒、或廣告、或公關的，都是熱愛文字的人，看見劣作，少不免熱論一番。有位極具份量的傳播前輩對某記招的問題標語、還大大隻字印在講者背後的 Backdrop 上面，於是慨嘆地說：「竟然有人 Torture the languages 到如此地步！」他用上 Torture（折磨）實在妙絕。因此，凡面向公眾的文字，即使未臻高水準，至少勿令人看到頭擰擰，要知道：（一）正所謂「行家一出手，便知有沒有」，行內並無秘密，一眼可看穿；（二）創作甫發佈即遭嘲笑／令人 O 嘴，等同陷客戶／上司於不義，又如何向他們交代？有些事情，是有客觀標準的；（三）劣作不僅折磨語言，更折磨觀看者，為社會着想，少點出現令大眾有「唔係呀嘛？」感覺的嚇人作品，公眾大受裨益也。

執好個「餡」先講 (講好故事①)

公關的工作就是 Storytelling（把一個故事說好），換句話說，公關人就是 Storyteller（說故事的人）。近年，經常聽到不同機構的高層說：「噢，我們要做好 Storytelling！」彷彿一切問題都是源於沒把自己機構或品牌的故事講好，實則不是所有問題都能歸咎於此。若是那麼容易的話，個個都爭住自話自說講好自己故事，不就解決了所有公關問題？天下間還哪有搞來搞去都搞不好的公關形象或聲譽問題？

接手一個棘手的公關形象或聲譽問題，首先要搞清究竟壞了的形象是：溝通（Communication）出問題？還是內容（Content）出問題？若是 Communication 的話，即個「餡」無問題，只是不懂用適宜的方式，把自己的好東西講出去，這個情況，就需要好的公關幫手說出好故事。但很多時，問題不僅在於 Communication，而是出在 Content 上。

Content 出事，即係個「餡」本身有問題，那就不是有

否講好故事的問題，而是個「餡」根本就差差地、不（再）吸引，又或不（再）能說服人。在這種情況下，首先要做的，並非急於對外猛講自己的故事，而是先執靚個「餡」，再加上適宜的溝通方式和渠道，自然引人入勝。

　　但是，假如個「餡」未掂，夾硬講出去，只有兩個可能性：（一）講者自說自話勁 High，觀眾只看到一台娛樂豐富的戲碼，但不為所動；（二）講到個「餡」靚過真實，跟觀眾眼見的有出入，那這個故事，就很容易變成別人眼中的虛構故事，可信性甚低。因此，領袖高層處理機構／品牌的公關形象或聲譽問題，首先不是心急派人衝出去講，而是先誠實地思考一下，現時手握的那個「餡」，究竟有沒有籌碼去把一個故事講好，兼且能講到說服別人？

先別講衰一個故事（講好故事②）

很多企業投放逾數百萬美元，以打造愛護環境的形象，像能源企業早在 80 年代就開始花大量金錢，意圖對外說好自己的故事，但聰明的公眾，眼看它們這邊廂講到自己如何積極保護環境，那邊廂卻做盡污染地球和傷害野生動物之事。於是，從那時開始，民間便出現了 Greenwashing（漂綠）和 Corporate Hypocrisy（企業偽善）的字詞，去形容這些塗脂抹粉、與事實不符的行為。無真「餡」就想講好一個故事，只會變成 Bad Storytelling；要避免講衰一個故事，有以下基本原則：

（一）Don't rush your storytelling：個餡未掂，咪急着衝出來講。機構員工、城市市民這些內部持份者（Internal Stakeholders）最明白自己個餡如何，若內部持份者仍未被說服，如何說服外邊的人（External Stakeholders）？譬如有企業猛花錢打造好老闆故事，但員工卻屢爆遭過勞成疾又或被迫假期無償加班的事件，即外部呈現的形象與內部持份

者認知的事實不相符，所謂「好老闆故事」就只是自我陶醉的粉飾，難令人信服。

（二）Don't antagonize your target audience：未去講古前，若已把受眾視作仇人或小人看待，又怎能把自己的故事講到可以說服或打動別人？要向人說好一個故事，不能只在說故事那刻才表現友善，其餘時間則視之敵人，用這樣的態度對待別人，未開口講就已經製造了敵對局面，平時四圍炳着眾多仇人的人，很難說好一個能打動人的故事。

（三）Don't choose the wrong ambassadors：誰去說故事也相當重要。找個人家覺得不討好、不可信，又或唔啱嘴形的人去講，別人一看就先有抗拒之感，豈能聽得入耳？找個不合適的人去講，只會講衰一個故事。

如何講好一個故事 （講好故事③）

Storytelling 是藝術，惟好壞有別，好故事的基本特質和條件包括：

（一）**與普世價值接軌**：世界上普遍共同持有的價值和信念，如善良、公義、平等、和平、尊重生命等基本原則，好故事不會偏離；

（二）**小人物大挑戰**：最動人的故事，莫如平常人／企業／地方如何 Rise up to challenge（克服重重困難），最終成就不平凡的人生／結果。金庸小說好看，是因為每位主角都非甫出場就是強大英雄模樣，他們或天資笨鈍、或遭師父陷害、或差點中毒身亡、或手臂殘缺等，引人入勝處，乃其能克服困難變成武林奇葩或俠義之士。真人故事，諸如喬布斯如何輟學、被蘋果公司踢走、再重返蘋果創造傳奇，都是人們愛看的故事。所以，猛話自己威到無倫、宇宙最強、厲害非常，是沒人想聽的故事；

（三）**留個有餘韻的伏筆**：即是 Punchline，是點睛之

筆，就是故事當中讓人特別印象深刻的段落，或意想不到、或驚喜、或眼前一亮、或共鳴、或會心微笑／捧腹大笑、或有啟發之感、或懷有希望等。一個故事若由頭到尾都沒有Punchline，則平平無奇，根本不會打動或觸動別人。

　　講好一個人／品牌／企業／地方的故事，個個都想，但真能把故事說好的例子並不多，好故事最終變成壞故事卻有不少，皆因犯齊 Bad Storytelling 的元素，Good Storytelling 的餡和特質又欠奉，結果講完一大輪，效果得個桔。

　　舉個很簡單的例子，要幫一個地方說好故事，就要動點腦筋，在今時今日，那個地方的故事的 Punchline 會是甚麼呢？若該地只能重複又重複地說着那些已講過 N 次的陳腔濫調，又或其他地方都已具備的特質（如安定繁榮諸如此類），那不是 Punchline，而只是一條不會令人眼前一亮、相信和懷有希望／憧憬的 Flatline。要幫一個地方做個 Good Storyteller，先想好 Punchline 再講。

雨點大・雷聲小

　　從公關角度去看，以下兩種做法都抵打：（一）雷聲大、雨點小：個餡根本唔掂，但卻煲到誇啦啦，最後只會令人覺得虛張聲勢；（二）另外一種剛剛相反，雨點大、雷聲小，明明個餡靚到不得了，卻捉到鹿唔識脫角，華麗盛事卻當成小事去搞，宣傳不到位，事後亦無餘韻。前者是一件非常可惜的事，後者更反映出內部欠缺專業觸覺把它變成 Talking Point。從公關角度去看，一件美事，被輕輕帶過，是錯過和錯失。

　　2023 年第 16 屆亞洲電影大獎頒獎典禮在香港舉行，那本來可成為城中做得更熱鬧、更多談論的盛事。成件事個餡超靚：（一）那是亞洲奧斯卡；（二）亞洲電影界重量級電影人雲集（是枝裕和、濱口龍介、陳可辛、張藝謀、阿部寬、Lucas Bravo、池昌旭、鄭裕玲、袁和平、劉天蘭等）。但是很可惜，事前很多人根本不知有這件事。雖然事前事後都有本地傳媒報道，但全都不慍不火，反映負責宣傳的單位只

是「做咗嘢」而已。

然而「做咗嘢」有別於「做到嘢」和「做好嘢」，此事有幾點明顯可以做得更靚：（一）明知有不同文化人士參與，日本和韓國團隊上台講得獎感言時，竟無即時翻譯；（二）本是可打造成國際傳媒也會感興趣的亞洲電影界最大盛事，本可鋪天蓋地聯絡和安排國際傳媒參與和採訪，但最後卻連本地傳媒都只是輕輕提及，最大焦點只放在劉嘉玲頒獎給梁朝偉的娛樂新聞上；（三）頒獎典禮在香港故宮文化博物館舉行，本有很多鏡頭可展現博物館靚位，簡單如開場時在博物館上空航拍，盡覽整個博物館的外形設計和景觀，已美不勝收，可惜又錯過。

想說好香港故事，有時未必要起勢出力地講"We are back"。疫情過後，更要透過國際文化盛事去說故事，若能做到國際或亞洲談資，那就已巧妙地說出香港仍能吸引到國際殿堂級人物雲集，這種 Storytelling 的格調，或許更香港、更生動、更有說服力。

語文要痛下苦功

忽然有一天驚醒，馬上叮囑公關新人要重溫最基本的中英語文，必須打好中英語文基礎，皆因甚麼人說甚麼話，一個人用甚麼詞彙、甚麼文法，反映內涵，包括一個人的語文和思想水平；公關人亦要有隨時向一大班人說話、又或幫客戶或老細寫一篇向公眾演說的講稿的準備。

我觀察到，有些人的詞彙來來去去只有「好正」、「好搞笑」、「好勁」等，用完個「好」字，就用個「超」字，然後又變成另一圈的「超正」、「超搞笑」、「超勁」，又或夾雜一點潮語「勁 Like」、「正到核爆」等。講這類詞彙不是問題，但若一個人：（一）成個詞彙庫只有這些詞彙可用和識講；（二）他朝要面向一大班人說話／替客戶或老細在公開場合寫講稿，然後暴露詞窮兼文法差，那就是非常大的問題了。因此，語文是學無止境的，公關人要努力不斷學習。

英文也是，香港是國際大都會，很多場景都需要用英

義，又或中英對照，講英文講到唔湯唔水又或只能用港式英語表達，只會貽笑大方，到時就不能說「我講英文只講意境」去解畫，況且意境根本就無。經常就地取材問公關新人，例如中文有「在××中領先」，很多場景都可能用到，英文如何表達？很簡單，應用"get ahead of ××"，而非"get in front"。如想表達「領先其他人／保持領先優勢」，用"get / be / keep ahead of the curve"便是。Ahead 和 Curve 不是深奧字，小學生也曉，問題是，需要用到之時，能否靈活用上？這是語文水平的問題。

美國資深記者 Henry Hazlitt 曾說過非常精闢的一句："A man with a scant vocabulary will almost certainly be a weak thinker"（詞彙貧乏者，幾可肯定其思想虛弱）。因此，經常提醒公關新人，中英語文要痛下苦功，若重要場合、重要時刻爆出失禮之句，尷尬啊！

肉麻當公關

　　社交媒體，確實令信息發放更便利，不僅凡事都可圖文並茂地對準目標群眾，更可即時收到支持者的 Like 或心心，對那些需要自我感覺良好的人來說，確係窩心。但凡事有利有弊，正因方便和容易，結果不少帖文，賣弄肉麻或 Sell 溫情，如拖阿婆過馬路，又或 Sell 辛勞忙到無時間食飯，除了製造供自己友讚美的機會外，沒啥用處和好處。那些肉麻帖，全對那個人物應有的核心 KPI（Key Performance Indicator）完全 Irrelevant（唔關事）。

　　舉個例，企業領袖的價值，在於有帶領管治單位更上層樓或起死回生的本事，若公關團隊為他上載辦公辦到廢寢忘餐的照片，那其實想 Achieve 七呢？想公眾因同情或憐惜他辛苦而俾個 Like？那就想問：如此帖文即使圍爐有很多 Like，那又如何？代表甚麼？心水清之旁觀者一看就知，對大局毫無幫助，亦跟領導能力毫無關聯，況且，一個人坐得高位，若需要靠賣弄肉麻、辛勞或溫情，去刺激其他人的憐

憫心去儲 Like，那就顯得太 Desperate（絕望）了。

視野決定格局，格局決定一個人着眼甚麼和他想人着眼自己的甚麼。

從宏觀審視，這類肉麻帖其實沒有在最重要的方面 Achieve 到甚麼。近年，似乎太多這樣的肉麻當公關帖文了，仍樂此不疲用這條方程式 Sell 肉麻者，以為自己正做着公關事，其實在公關人眼中，縱然那些帖文總會引到 Like，但其實是壞大事之下策，根本不是幫高層或領袖做好一個大格局 Leadership Brand 的水準。

凡事見好就收，咪一味肉麻當公關。

演講唔係奧斯卡得獎感言

　　機構領袖經常要發表報告，例如公佈一下過往業績或將來計劃等。領袖但凡寫此類演講，最基本原則：（一）清楚是甚麼場合；（二）謹記自己是甚麼身份。此類場合，是領袖以最高決策話事人身份代表一個機構，向公眾和相關者去報告過去一年成績和展望未來計劃，那是一個 Impersonal（非私人）的場景，故有常識者俱知，企得上台都不會講私人感情事。

　　這個場合，不是奧斯卡頒獎禮，發表報告的領袖亦不是奧斯卡得獎者，故並非用來表揚個人榮耀或感受時刻，首先是：（一）不適合。試想想，會否有企業領袖在開股東週年大會，朗讀整份報告後，忽云：「今日係我老婆生日……（哽咽）……我好對唔住無時間陪妳……多謝妳一直支持我……老婆，生日快樂……」嗎？當然不會！場合不宜，只會令台下覺得此人九唔搭八兼公私場合不分；（二）坐得某個位置，站得上台，就要有種能耐，即使主觀上自覺有幾辛苦或委屈，

毋須抓緊每個機會公開表達私人感受，坐得上機構領袖個位，就要有 IQ 和 EQ。身為領袖，咪次次出來就訴說自己有多委屈、有幾多人針對自己、有幾對不住自己屋企人，諸如此類。領袖若沒有 Bite the bullet（打落門牙和血吞）的能耐，就會被質疑：汝何德何能盤踞此位？所以，私人感受在公事場合講，無人想聽，尤其重複自己何其辛勞委屈之說，講得多，不會令人有半點同情，只會煩厭和反感。

此外，機構領袖發表報告，要清楚自己只是代表一個團隊發言，換句話說，個場唔係你一個人玩晒，功勞亦不應自己攬晒，故此類演講不應只得「我、我、我」。一個不懂給自己團隊 Credit（對團隊付出的認可）、一味只強調「是我發現這問題」、「是我解決這問題」的領袖，會幾得團隊民心？況且，當事人可能自詡功績，但旁人看到的，或僅敗作一堆，強調所有事都是只因「我、我、我」而成事，最終禍福難說。行走江湖，醒目一點，是必須的。

所以，公關但凡見此類演講初稿，必先把那些不適當又不討好的私人感言和極度自我的「我、我、我」刪減，並巧妙地提醒當事人：「喂，你當自己係奧斯卡影帝／影后乎？」

形象如何 Keep 到尾？（打造形象①）

　　面向公眾，無論品牌或人物，當然想在眾人心目中建立美好形象，但是公關替人做 Image Building（形象打造工程），若過火 Hard Sell，則弄巧反拙，那就愛佢變成害佢，所以，幫人家打造形象，拿捏要很精準。

　　呈現品牌或人物美好形象的一面，要注意：打造「美好」形象要適可而止，若講到一個品牌和人物好到「完美無瑕」，煲到如此大的後果是，公眾期望越大，差異就越大，失望亦會加大。因此，幫品牌或人物打造美好形象，若周邊人煲到一件產品或一個人天上有地下無，那就是突然把公眾的期望夾硬拉到一個很高（或過高）的位置，無疑，那一瞬間可能會在坊間製造一點 Positive Noise（正面聲響），但長遠來說，對品牌或人物都埋下了一個伏位，以後稍有瑕疵或差池，在眾人心目中就立即由完美變成包尾。

　　畢竟形象建立並非 One-off（一次性）的動作就可打造出來，現時公眾都曉得「放長雙眼」去看，故公關較務實的

做法是‧**在最初時，令公眾對品牌或人物有些少期望或盼望，但毋須太高**（太高條拋物線只能向下墜，日後可能呈現更多令公眾失望之情景）；**當然，亦不能太低**（令公眾完全無期望或盼望之物，即大家全無興趣，那其存在價值就變得可有可無）。

故此，寧願在開始時，先令公眾對品牌或人物有少少期望，往後一路走過去時，先做出達到公眾期望的事，再在這基礎上，可以偶然做到驚喜或令人刮目相看的成績，那才是 Sustainable（可持續）的形象打造。若劈頭就煲到好完美，以後如何 Keep 到尾？

幫倒忙的賣點（打造形象2）

　　想幫品牌或人物打造美好形象，也要考慮放甚麼內容進去那個「美好」的外殼作為主打，即是說，想替品牌或人物製造美好 Image，放進去那個「餡」（Substance）是甚麼呢？公關絕對要思考如何篩選，**原則是只把 Significant（重要）和 Relevant（相關）的「餡」放進。**

　　很簡單，例如一個應徵者（那也是需要呈現美好形象的時刻）會對住面試者強調自己是小學填色比賽第一名嗎？那是既不重要又不關事的項目，講出來貽笑大方。又例如，要幫人打造「關懷社會」的形象，會強調那人「扶阿婆過馬路」並影相炫耀嗎？這樣做，實則是害了那位人物，一來突兀，二來把「關懷社會」降到非常低的檔次。逢「嘢」就塞進那個形象工程裏，只是很粗糙的濫造和濫發。觀眾看在眼裏，那些芝麻綠豆原來就是最輝煌的成績，自然會把品牌或人物定格在某個檔次。

　　把平平無奇、最低層次、最不關事，又或根本是最基本

標準做賣點，例如，想替某公司打造成「企業典範」、又或「完美公司」形象，但只是製造了「前員工讚公司每個月準時出糧」之類的內容或故事，你認為可以支撐到那個典範或完美的形象嗎？Image Building 的原則是：一些基本標準、又或係人都會咁做之事，例如老師改妥學生作業、學生交齊功課、今日返工無「吞泡」、食品食唔死人、有害成份無超標等，那是最基本的本份和守則，若拿它們出來煲，只會令觀者很自然地問：「吓 ?! 何解咁都係優點／賣點？無其他優點／賣點可以 Sell 嗎？此品牌／此人的美好，原來就僅此而已 ?!」因此篩選甚麼內容、甚麼「餡」做形象主打，也是一門學問。公關面向公眾，要與公眾水平接軌，強調一些 Insignificant（微不足道）和 Irrelevant（不相關）的地方，很多時幫不到品牌！對人物打造應有形象而言，更是幫倒忙。

沒有無緣無故的愛（公眾參與①）

這幾年來，一直跟進機構關注如何做好 Public Engagement（公眾參與）這個命題。關於公眾參與，由政府（如政策諮詢）到企業（如推出一個 Campaign）都需要，泛指「公眾於情感上或／和行動上呈現正面的投入感和參與度」。近年替機構做的幾個培訓，都是關於 Public Engagement 這個題目。有次的客戶，是某大公營機構，他們的煩惱是，所推東西不獲理想的公眾反應，故希望尋求新啟發或角度，提升公眾參與度。

天下間沒有無緣無故的愛，要做好公眾參與，先要檢視自己機構有否將促進 Public Engagement 的條件經營妥當。我發現，非常低公眾參與度的機構，都有以下誤解：

（一）以為有一套特定的 Public Engagement 程式，可套用於所有機構、所有情景、所有 Stakeholders（相關持份者），最希望是有一條 ABCDE 公式跟住做，就能達到公眾參與；

（二）單向溝通、自話自說，從來沒有細心閱讀過不同目標群眾在甚麼情緒狀態和關注／需要甚麼；

（三）需要公眾參與時才做，這種心態只把公眾當「鍾無艷」（民間俗語：有事鍾無艷，無事夏迎春），有需要才利用，過後就互不相干，譬如政客要選票才現身，平時卻鮮有關注地區事務，選完又再影都無；公眾看在眼裏，下次又豈會傻更更再投你票？公眾參與亦是一樣，必須長期在公眾腦海做好 Salient Presence（顯著的呈現）和 Connection（聯繫）的工夫，不能在需要人家時，才忽然熱情。

若以上三點犯齊，如何與公眾對口？連對口都做不到，又如何令他們投入和參與？那只會很成功地做到 Public Disengagement（公眾抽離）。

策略不能大小通吃（公眾参與②）

要做好 Public Engagement，增加公眾對某樣東西的投入感，就先要理解他們的情緒。公眾情緒有很多種，不同公眾情緒需要有不同策略應對，不能只籠統地概括為「負面情緒」。例如，但凡涉及健康或安全的公眾危機，公眾情緒必定出現焦慮（Anxious）、恐慌（Panicked）、無助（Helpless）和擔心（Worried），應對策略必須有安撫和安心保證（Reassurance Strategy）。但若像香港保護兒童會那件人神共憤的職員虐兒事件被爆出，那公眾情緒就是另一種了，必定有憤慨（Indignant）情緒出現，激發公眾要看到罪有應得、公道公義的要求，應對策略則要在核心元素作出徹底改變（Restructuring Strategy），如換人、重組架構或改變制度。

譬如想公眾對一個地方增加投入感和參與度：（一）先不要突兀夾硬嚟，愛不能勉強，由心而發的情感才是真實和長久的；（二）慢慢抽出潛藏的情緒去應對；（三）把公眾

細拆成不同公眾群，因不同組別有不同關注點、語言文化和需要。舉例：若向二三十歲年輕人講「現在養一個小孩需要的費用，已由 400 萬元增至 600 萬元」，他們會聽得入耳嗎？人家可能連婚都未結／未有錢結婚啊，跟他們談談「月光族求生技能」可能更啱聽。

近年，香港部份公眾群出現無望（Hopeless）情緒，那可以是當事人主觀感受，但當很多加起來時，就是一個需要處理的客觀情況。應對策略就是呈現希望的話語（Hope Discourse），而非用諸如「唔鍾意咪留喺度」的情緒或態度去應對。此外，不同公眾群有不同的希望和關注點，例如，為人父母想見到子女在此地有優質成長的希望；年輕公眾群則需要看到這裏有無限探索和發揮的希望；市民需要看到政府是為本地人謀求福利、保障公平待遇等。要增加 Public Engagement，這個地方的希望話語和希望故事不能 One-size-fits-all（大小通吃）。

閂埋門自以為「正」

「公關」是一門要「面向公眾」的學問，只顧「埋頭苦幹」或「自我陶醉」，卻忽略了要摸索公眾氣場和氛圍，即等於跟公眾脫軌和脫節。

有電視台在社交平台發評論帖文，表示唔明點解己台劇集收視較另一電視台高，但 Marketers 並無投放廣告在己台，反而投向低收視的另一電視台，語氣似質問廣告營銷業界，點解不選高收視台落廣告，難道不用向老闆交代？

現世代還在靠講收視率有幾多點去 Sell Marketers ？看來，發帖人的 Marketing 概念似乎仍停留在 20 年前。

（一）現在公眾已鮮有坐定定跟電視台節目播出的時間流程去看電視，我們看電視的模式早已演變為流動性的、主動性的，有手機或手提電腦在手的，是根據自己的喜好決定何時何地看甚麼，很多都市人已不是實時看節目，還講收視率有幾多點，與現代人生活方式脫節；

（二）CPRP（Cost Per Rating Point ／收視點成本）只

是 Marketers 評估廣告成效的基準之一，就是正正要同老闆和客戶交代，Marketers 更會看重目標群眾，不同電視台、不同節目，無論在年齡層、生活模式、口味和品味上都不同，Marketers 會考慮到哪群觀眾才是他們的目標群眾。能否「中」到自己的目標群眾，比 CPRP 更重要；

（三）這個帖發出前有否想過，究竟想達到甚麼效果呢？向廣告營銷業界質問、發洩，會增加營業額？

其實，企業最應該做的，是增強自我反省和自知之明的思維，多作內部檢討和反省，且要有了解社會脈搏和氛圍的意識。否則，跟下下自誇美貌與智慧並重，埋怨點解嫁唔出的宣洩如出一轍。

無得撈的信息傳遞

　　Messaging（信息傳遞）很重要。公關即是面向公眾，政治公關再細緻點表述，就是關於政治領袖／人物如何面向民眾，故必須做好 Messaging。這是易講卻難做得好的一環，好的 Messaging 首重不予人 Inconsistency（不一致）的觀感，最棹忌的情況有二：（一）同一個人／同一單位前言不對後語；（二）同一團隊中，不同人說不同的話。

　　Messaging 不一致的情況，有三大弊端：（一）製造公眾混亂，令人無所適從；（二）公眾很自然會問：提出之前，難道沒有徹底考慮其必要性和如何執行等細節嗎？作為領袖，若做事經常只聞樓梯響，事事得個講字，那就更加在公眾面前暴露不足，包括：思考能力、溝通能力及執行能力；（三）在公眾面前屢屢出現「今天的我打敗昨天的我」，那就是自製「狼來了」故事，久而久之，公眾學到的，就是大家都不會太認真看待領袖的話。

　　政治公關最不想看到的，從來不是政治人物有 Haters

或公眾當中有反對聲音；做得政治人物，總有人會跟自己立場、意見或想法不同，那是最正常不過之事，正常人和正常體系應要預咗。政治公關最不想看到的，是當事人在公眾心目中，其 Credibility（可信性和確實性）已步入清零之路，即是說，在公眾心目中，出自其口的任何信息或說話，都有機會隨時變，還有誰會認真看待其言行？

政治人物有政敵並不可怕，最可怕的是所有人，包括公眾、盟友、政敵，都覺得其話語已失去可信性和確實性。當一個政治人物，任何人都開始 Don't take his / her words seriously，那此人之政治籌碼和生涯基本上已無得撼。若去到這個田地，更好的政治公關都幫不到手。

快而不準的回應

　　早前日本大阪一家章魚燒店被客人投訴，指在外賣章魚燒中發現頭髮。一向對章魚燒相當講究的老闆島田，不能接受自己這個錯失，在 Twitter 聲明，為了表示自己的歉意，特意剃光頭上門道歉。島田出發前在 Twitter 上載了自己的光頭照，表示準備起程到客人住所。殊不知，當島田登門造訪後，才發現原來客人投訴有頭髮的章魚燒，是來自另一家店的！

　　這個結局出人意表、峰迴路轉兼太有喜劇感，可以想像當時對島田來說，心情應該非常複雜──「太好了！證明不是我的店有問題！但 Oops！媽呀！我無情白事把自己的頭剃光了！！」真是賠了聲明又折髮，島田的頭髮，是給自己白白地、含冤地壯烈犧牲了。

　　這個故事對公關也有啟發：

　　（一）回應一味「快」是無用的，快而不準，輕則搞到／苦了自己，重則令事件火上加油；

（二）未決定作任何動作前，搞清楚件事到底是甚麼境況，是常識吧；

（三）現世代，投訴文化變成常態，網民未搞清楚件事，已在網上開名投訴，因為沒有成本。因此，任何面向公眾的商店、品牌、企業、機構或人物，首先不要怕被投訴，也不要一遇投訴即道歉，搞清來龍去脈前，勿輕舉妄動；

（四）在不需道歉的情況下道歉，輕則如以上故事般得啖笑，但有些情況，在未搞清己方是否真的有責任或出錯前，趷個頭出來道歉，是無必要地把本不屬自己的責任傻更更地攬上身；

（五）其實不僅道歉，現世代伏位處處，未摸清實況底蘊時，太快趷出來高調表態，可能自以為「今次無死」，但世事往往峰迴路轉，表態太快，然後發現原來表錯態，可能死得更快。

開記招的學問

　　開一個記者招待會，有很多細節位要注意。先不說記招的內容，那牽涉到策略（Strategy）。此文專注討論記招的呈現風格和方式（Delivery）。「如何 Deliver？」相當緊要，那是公眾望埋去產生的第一印象（First Impression）。

　　簡單如背景（Backdrop）的顏色、樣式和字樣選擇，理應細心思量。若記招是有關悲傷或嚴肅事情的交代，背景應以簡潔為主，但若佈置或帷幕卻是紅、紫、橙色或色彩繽紛之類，那就是場景顏色和場景情緒的錯配。但凡涉及悲傷或嚴肅事情的記招，背景顏色宜用穩陣沉實色，如淺褐、米白、淡黃、深藍等。相反，若記招是宣佈喜事，Backdrop 平平無奇或一隻藍色加一行字，字樣又用見慣的電腦字款，那就根本 Deliver 不到應有的開心、歡樂、希望、同慶或開創新局面之場景氣氛（Contextual Mood），公眾望埋去，保守而沉悶，做不到應有的歡騰效果。沒注意到這些細節，就顯得不夠細心。

另外，是講台上咪高峰與講者之距離。這個細節應事先要注意，若忽略了，咪高峰太遠或太低，講者聲音不入咪或咪高峰剛剛遮擋講者嘴巴，都是不理想效果。最敗筆的，是講者要身體趨前去遷就那枝咪高峰，那整個身體姿勢（Body Posture），未發言已輸了一大截。講者出來，通常是高層或領袖，代表的並非自己而是一個更大的單位，因此，如何 Deliver 很影響所代表單位的形象。

　　近期與友人出外用膳，剛剛食肆播出一個記招，講者雙目無神，整段講話呈現中國面相學的半睡眼，全無聚焦似睡非睡，在座都是資深公關人，最棹忌在記招看到這種款頭，七嘴八舌道：「未瞓醒乎？」、「好無奈？」、「好慘情？」、「醒神啲唔得？」、「背後公關點解唔幫佢執下呢？」我不知是無幫佢執，抑或唔敢提出幫佢執，但面向公眾的人物，記招時一副毫無 Focus（焦點）的半睡眼，行出來怎代表他／她理應代表的單位呢？若加上口齒不清，講出來的說話水準又不高，那就要有人幫手執一執。為自己好，為代表機構也好，有些基本面對傳媒訓練是必須的。

「化」情緒才能「解」問題

有年輕朋友問我，現在教公關、教傳播還有意思嗎？我自覺仍有，甚至比以前更加有意思，因為現世代的變化相比以前，不僅速度改變，更是本質不同。十年前處理公關危機有效的一套，在今天沿用可能無效不特止，跟足或死得更加快。因為今時今日要有公關智慧，需要擁有極強的社會觸覺、閱讀公眾情緒的能力、危機意識、到位策略、極強分析力、執行力和溝通力，缺一都不稱職，我們也曾在香港看過不少反面例子。

而且，很多做人智慧和公關智慧是互通的，教公關同時可以教做人，甚有意思，例如：

（一）在人前自詡如何世一，只會像未見過世面的鄉土人，效果突兀兼滑稽。讚賞出於其他人口中，而且必須自發和自願才有意義。同樣，品牌、企業、機構、領袖或公眾人物，切忌自己讚自己。真材實料毋須自吹自擂，自有第三方樂意幫你認證（Third Party Endorsement）或傳播口碑；

（二）面對公眾情緒，「化解」一詞很有提醒作用，當中已經包含公關非常重要的兩個步驟：（1）先「化」公眾情緒；（2）才能「解」決問題。放諸做人層面，同樣可以應用。面對各種人際關係，無論甚麼事，最緊要先「化」了對方的情緒，才可以「解」決問題。一個人嬲到火遮眼時，對方即使幾有道理也聽不入耳；將心比己，當對方有情緒時，首要步驟並非要拗贏對家，而係先去「化」了對方的情緒，「解」決問題才會事半功倍。無論是人際關係或公關場景，最難拆解的永遠不是事件，人的情感和情緒才是最棘手之處。

　　因此，我覺得公關跟做人如出一轍，都要有閱讀及化解對家情緒的能力。對人或對公眾，需要觀察、調節和交流，溝通是需要兩方面的，若像 Beatles 首歌 *Hello Goodbye* 那樣，你跟我講 Hello 時，我同你講 Goodbye，而我講 Hello 時，你就走人，永遠對不到口，那無論做人或公關，都要自我反省。

第 3 章
Sell 出個
未來

品味這回事

　　上乘的 Sell 法，會做到 Pull（把人拉過來）的效果，不用 Hard Sell，也能像引力般把人吸進來，令人自然愛上。香港曾有過這樣精彩的黃金時期，上乘的廣告／公關點子和作品比比皆是，不會出現突兀的硬銷和強迫喜歡。那時期的香港廣告和公關很繁盛，很多上乘作品湧現，不僅是功力比拼，還是品味彰顯。

　　品味這回事，難以言傳，它沒有實體，但可藉着載體呈現，可以是一種手法、一件物件或一個人，甚至一個城市；倘若品味欠奉，其監粗、突兀和粗糙，卻是路人皆見。

　　近年，看到很多硬銷到滑稽的手法，死推爛推，自誇自擂，有些 Hard Sell 到畫公仔要畫出腸，實在難言是有品味之作。不知那些 Hard Sell 者們，是否真心以為出盡力不停重複叫喊自己有多好，就能吸引到目標群眾，又或以為目標群眾的品味水平與他們差不多，但他們若真心覺得咁都Work 到，真不知說他們是 Naive 抑或脫節好。

Sell 任何東西，重點是：（一）首先要誠實和面對現實，自己手上那東西在別人眼中現在有幾吸引？（二）明明不夠好，還要自我陶醉監粗說自家好處多不勝數，猶如江湖賣藝般敲着查篤撐「老王賣瓜」；（三）真正吸引的東西，是本質上吸引人，不會靠膚淺的感情、突兀的腔調和滑稽的硬銷去推。自己推自己，感染力和說服力永遠是零。有本事的，應以令一眾背後無利益或權力輸送的第三方由衷地、自願地替你說話（Third Party Endorsement）為目標。

　　新加坡近年就有很多這類由衷和自願的第三方認證替它說好故事，皆因領導班子把城市的本質元素越做越好，那就不用自話自說，也能很自然地變成一股引力，多方面把人吸了過去。

營銷奇葩

提神飲料「紅牛」（Red Bull）創辦人 Dietrich Mateschitz 於 2022 年 10 月逝世，享年 78 歲。Mateschitz 為人低調，乃奧地利首富。他當年出差香港，偶爾在酒店酒吧喝到一款泰國地道甜飲（即紅牛前身），極速提神，驚為天人，遂於 1984 年與泰籍華裔企業家許書標合作生產和出品紅牛。

鑒於個人口味問題，我從未能把一罐紅牛喝完，但這也不僅是我的評價，在《人性煉金術：奧美最有效的行銷策略》（*Alchemy: The Dark Art and Curious Science of Creating Magic in Brands, Business, and Life*）一書裏，有這樣的記載：紅牛在銷往外國前，找市場調查公司去了解國際消費者對產品的口味有何看法，結果得來的評語幾乎可以感受到是喝的人怒火中燒：「就算付錢給我，我也不想喝！」「味道有點噁心！」反應之差，絕無僅有。

但這也是紅牛非常成功之處：味道不好、比普通汽水貴三至四倍的飲品，竟能跟可樂較勁，每年銷售量達 60 億

罐，盈餘足以養起一支 F1 車隊，堪稱營銷奇葩，原因有二：（一）獨有的提神功能；（二）成功打造「型」的形象，令人就算拿着來喝也不會覺得尷尬或老土，而這方面則全靠市場營銷，如：2012 年曾斥重金拍攝極限跳傘家 Felix Baumgartner，挑戰從太空邊緣、離地表逾 12 萬英尺躍向地球，那條 YouTube 影片看得人屏息握拳，即時吸引近 4,000 萬人次觀看及留言 30,000 則。品牌亦贊助懸崖跳水極限運動，成功打響產品挑戰極限的品牌形象。此外，他們也開設了 Red Bull TV 及 *Red Bulletin* 雜誌，成功將品牌與體育、體能掛鈎。

想 Sell 任何東西，不妨參考紅牛的營銷之道：（一）不需要多，但起碼要有一樣獨特的過人賣點或功能；（二）人家跟你黐在一起時，不會感到尷尬或「娘爆」；（三）能創造源源不絕的話題，人家自然心甘情願為你說好故事。

舊橋無人覓

　　非牟利機構需要大量捐款，那是很明白的狀況。但我觀察到，有不少此類機構仍沿用街頭募捐或在廣告賣悲情，這些方法或許十幾二十年前還奏效，但我經常懷疑，這些一直無變過的方式，在今時今日究竟還能打動多少人？

　　有天，我在街上被勸捐，那是我一向支持的機構，但由於趕時間，惟有耍手示意就繼續前行。殊不知對方不罷休，拿着勸捐文件夾擋在我前面，我向右行，他擋在右邊，我向左行，他就往左擋。這種死纏爛打的行為，令我當場火起：「你做乜事？人哋已經表示唔得閒，你仲好似踢波封人咁攔我路？如此行徑，只會令人對你個機構反感！」

　　明白非牟利機構資源有限，但正因如此，就更要想出更好、更有成效的橋去達到目的。其實，在街頭人釘人、賣悲情、賣獎券、賣小手工之思維框框外，還有很多毋須提高成本的可能性。

　　巴西 NGO "Casa do Zezinho"，以服務教育低、基層

家庭的 6 歲孩童到 21 歲青年為主。他們很有觸覺，以共享概念去增加募款收入，活動名為 Half for happiness。他們游說當地兩家大型超市合作，把產品切一半（如蔬菜、水果、麵包等），顧客以原價買半份食物，多出的半份金錢則捐給 NGO 幫助更多有需要的基層兒童。

點子甫推出，即大受歡迎，因三方（消費者、超市和 NGO）都毋須付出額外資源，而且正正捉到大眾心理：Half for happiness，首先是很方便（超市買餸是日常）；其次是人們只需用平常花的費用（不必付出額外費用）；其三是反正有很多人以往照買全份，都未必能一次吃這麼多。

無品抽水

　　無數品牌都犯過「用他人之傷痛去宣傳自己」之低級和低俗錯誤：美國電訊品牌 AT&T 拿 9.11 抽水、時裝品牌 Kenneth Cole 抽埃及「阿拉伯之春」的水、泰國 KFC 抽印尼 8.5 級地震之水、Madonna 抽 David Bowie 逝世之水⋯⋯全皆無好收場、統統給網民罵到要刪帖兼道歉。

　　但人類總是重複犯同樣錯誤。電影《黑豹》（*Black Panther*）男主角 Chadwick Boseman 在 2020 年 8 月 28 日因結腸癌併發症逝世，終年 43 歲。這樣年輕就走了，再看這幾年那些他身患絕症、仍積極探訪癌症兒童的照片，令人深感惋惜。就在翌日 8 月 29 日，有保險男在其社交平台轉發 Chadwick Boseman 逝世消息，並寫下要及早買保險的信息。幾句說話，不是悼念，而是宣傳，此舉令網民大罵發死人財。但當事人似乎不明自己行為有何不妥，再用 2020 年年頭因為直升機意外去世的籃球明星 Kobe Bryant 做宣傳，繼續抽水。作為一個專業的保險從業員，絕不會以輕佻

和涼薄看待別人的死亡，這是對人的基本尊重。

近排某保險男於香港荷里活廣場殺人事件抽水，結果導致所屬保險公司迅速割席和除他的牌。**營銷規則 101：別把自己的利益建基於人家的悲慘事上**，即使未修過營銷或未讀過以上「抽錯水」的品牌例子，只用 Common Sense（常理）或用人最基本的 Human Decency（個人在社會應有的最基本情操）**也理應能判斷**。但現世代往往會有極端例子，去到常理、情操和底線都已不是必然之情況，甚至跟一個人的學歷、畢業學府和衣着毫無關係。

跟無底線之人再講底線，全屬嘥氣，但我仍深信，在我們的社會，有品之人多過無品之人。很喜歡這一句說話："Remember to be human when the bad comes along"，如何看待別人的苦難，顯示一個人的品格和修養。Chadwick Boseman 在自己不幸患上癌症之時，仍積極為癌症小朋友打氣，戲內做英雄很容易，戲外是真英雄才是難得。Chadwick Boseman 跟無品抽水者，兩種質地、兩種人格。

災難當前・切忌營銷

　　在天災人禍當中，品牌應當如何做，才能在公眾心目中建立正面效果？

　　品牌此時趁機抽水、兜售、講笑，固然必遭民譴，但以前曾經令公眾覺得都可收貨的行動，如：只說煽情話而毫無行動，例如齋喊「加油！」「平安！」又或象徵式捐出剩餘物資這類廉價及方便的行為，似乎不足以從公眾處收到必讚掌聲。現時的公眾要求高、心水亦清，所以品牌若真心想在天災人禍當中，做點好事和承擔一點企業社會責任，就要讓公眾看到品牌：（一）真正把自身與當下社會之需要建立起關聯性；（二）提供真正解決情況的具體救災或紓緩困境之行動；（三）付出了成本、代價或犧牲。

　　在 2021 年 7 月，河南鄭州暴雨發生水災事件，有一個品牌的做法獲得公眾正面評價，那是一家以鄭州為中心、亦在省內各地、市、縣皆有分店的連鎖便利店，名叫「悅來悅喜」。它在微博發了這樣的全文字帖：「悅來悅喜有 247 家

門店正在營業，請有避險或飲食需要的民眾，就近到店停歇避險。若你暫無付款條件，告知我們店員即可先行取用商品。我們可以提供飲用水、零食泡麵、日雜百貨等商品⋯⋯以下是營業門店清單，且我們的營業門店正在增加⋯⋯」

首先，這個行動本身確實能即時幫助災民解困，其次是行動對品牌來說，必然需要付出犧牲（品牌需要預算不少先行取用的商品在往後不能收回款項），最難得的是語調平實，沒有煽情浮誇之情或肉麻令人打冷震的字眼。相比那些大鑼大鼓用特大鏡頭 Close Up，營銷自己如何捐贈自家產品當物資的品牌，「悅來悅喜」這次務實的做法，令人耳目舒服，亦更得民心。

公關定律：災難當前，切忌營銷。

牛荔麥兜

老字號品牌以「麥兜」作為主角賣臘腸，廣告沒有絲毫驚慄鏡頭，但效果好嚇人，眾人議論：個 Storyboard 點解會 Sell 到？點解品牌的 Marketing Team 可以俾佢出街？成件事匪夷所思，先由廣告說起：

「麥兜」長大成人，為了追求夢想而裸辭；在當「花王」時找到心儀的女朋友，鏡頭描繪兩人甜蜜散步、浸溫泉、爬雪山的浪漫相戀情景。正當一對戀人躺在雪山上牽手溫馨對望之際，下個鏡頭竟是——兩人蜷曲的身體慢慢變成電飯煲內被蒸熟的一孖臘腸！陪伴港人逾四分之一世紀的可愛麥兜，最後命運竟是與女友被醃製成一孖臘腸，有網民留言：「我係咪睇緊恐怖片呀？睇完都唔想食臘腸了」、「童年崩壞」、「好殘忍」……

廣告是傳播藝術之一種，正確地掌握傳播甚麼 Message（信息）好緊要，此廣告製造了錯誤信息與影像聯繫：「蒸孖××臘腸就似生蒸麥兜一樣」、「食××臘腸就如食咗麥

兜落肚」、「努力做人追求夢想最終咪又係變成條臘腸」，廣告最終目的是正面刺激購買慾，但此則臘腸廣告卻有「反 Sell」作用，港人一望見孖××臘腸就想起一直看着其長大的麥兜，誰會忍心把它食落肚 ?!

當然，如果這不是賣臘腸廣告，而是一則鼓勵人食素的宣傳，那就非常成功了。因為呈現出原來把可愛麥兜剁成肉餅呀、臘腸呀、膶腸呀，是多麼殘忍的事，肯定大收「勸素」之效。又或者，若它是一齣悲情電影，導演、編劇想呈現出「無論你多努力，勞碌半生，最終都只是徒然，逃不過淪為別人犧牲品的厄運」這類帶有悲情、控訴、無奈、消極、探討人生意義何在的 Message，它也做到了，甚至比《魷魚遊戲》更悲情更驚慄，皆因在《魷》的參賽者只要有頑強求生慾，還有一線生機，但麥兜孖住愛侶齊齊被剁碎和蒸成臘腸的命運，是告訴大家，悲劇人物無論如何努力，最終都係得個桔。若它是電影，直情是《悲慘世界》現代麥兜版。

然而，依家係廣告呀，大佬！反 Sell 到觀者狂呼「恐怖片」、「唔想食」，真係失敗到暈。

紙尿片的啟示

現在嬰兒紙尿片是新手父母的必備產品，我們很難想像沒有紙尿片，新手父母的日子將會如何難過。但原來當 P&G 在 1960 年代推出這個當時屬非常嶄新的產品時，曾遭受重大滑鐵盧。

何解呢？我們先看看嬰兒紙尿片的特質與賣點：用完即棄、不髒媽媽手、省清洗時間和工夫、方便快捷等，這些優點都比要每次清洗的棉尿布明顯得多了。但為何當時推出時，新手媽媽沒有預期的正面反應呢？

P&G 百思不得其解，為何那麼多好處的新產品會少人問津？原來，研究結果發現，真正原因非產品問題，而是新手媽媽覺得購買紙尿片，會令人覺到她們是懶惰、浪費丈夫金錢、貪圖方便和自私（1960 年代的美國，對女性角色仍很保守），故即使覺得產品吸引，也不敢使用。

得悉原因後，P&G 馬上換個角度切入，主角圍繞着新生嬰兒，強調紙尿片更容易經常替換、更衛生、更能減少細菌

滋生和皮膚敏感，會令寶寶更感舒滴。從「給寶寶最好」的角度去切入，整件事跟「方便媽媽」的定位有完全个同的效果。前者是疼錫子女的體貼媽媽形象，後者則帶出一個浪費女人的形象。品牌換了角度營銷後，紙尿片開始大賣。

此例對營銷很有啟發：（一）有時產品（尤其是新產品）未為市場接受，可能不是產品的問題，而是我們游說的角度是否吸引的問題；（二）角度是否吸引，視乎受眾是否覺得與產品聯繫上之後，會對自身有正面／愉快／提升的回饋。若受眾認為將自己跟品牌連起來，是一種增值的 Credit（例如是好媽媽），自然想靠近；反之，若覺得只會是拖垮自己的 Debit，當然想離得越遠越好；（三）究竟在受眾的心目中是 Credit 還是 Debit，不是由自己單方面去定斷，必須了解受眾看法如何。

營銷定律放在做人定律亦相通，猛用自己角度或自己覺得好正的方式，去 Sell 或打造自己，要先問問人家是否同樣想法、同樣受落？想人靠近自己前，亦要先有自省能力，究竟自己在人家心目中是 Credit 還是 Debit。

煩不堪言的廣告

　　與傳媒界友人飯聚，大家先談到 YouTube，然後不期然地提到，近期一 Click 入 YouTube 就見到一個煩不堪言的廣告和人物，那個人物揚言自己可以幫到觀眾將他們的事業、生意和收入短期內暴增，原來個個都對這個在平台慌死你睇唔到的密集式廣告，感到很騷擾和反感。我直情不諱言，每日觀看自己想看的 YouTube 影片前，就彈出這個人物賣的廣告，還要「焗住」睇足五秒，簡直擾民。一看這廣告，興致大減，有時索性連自己原本想看的影片也不看了，馬上關機，因為捱不到再看多五秒。

　　先不談這廣告所宣傳的內容，是否真的有用和是否值那個價值，但鋪天蓋地、驚煩人唔死的在 YouTube 瘋狂落廣告，是否有效，值得商榷。席間，大家七嘴八舌，原來個個都給這個廣告煩過：「日日開這個平台都見到佢，越見越反感」、「有無得 Block 咗個廣告」、「越賣咁多廣告，越顯得 Desperate」、「真係咁掂，生意已應接不暇，使乜仲要

瘋狂落廣告」……那倒是，企業對培訓／諮商的各方面需求早已復常。

　　英文有句話，叫 "Familiarity breeds contempt"，即日久生厭，那個「厭」，是令人帶有 Contempt（蔑視）的感覺，尤其是在別人根本就不想再多看時，那事物還繼續不勝其煩地出現，絕不會有好結果。就如兩性之間，女生根本不喜歡那個男生，並且一早表明態度，但那個男的不懂知難而退，還死纏爛打，日日騷擾，這種「唔知埞」的擾人行為，不可能有打動人的效果，只會令那本應剩餘的客氣和尊重，都變成反感和鄙視。

　　人與人之間，跟公眾人物向別人銷售自己同樣道理，不停向人轟炸唔識收，只會造成 "Audience Fatigue"（受眾疲勞），此乃反 Sell 行為，Sell 不到自己不特止，還令人厭煩到想快快 Delete ！

第4章
成也品牌，
敗也品牌

品牌偽善

英國啤酒品牌 BrewDog 在 2022 年 11 月高調宣佈，推出對卡塔爾世界盃 "Anti-sponsorship"（反贊助）的廣告系列，批評該國種種人權問題，包括外勞死亡事件和把同性性行為判處監禁甚至死刑等。

BrewDog 聘用廣告公司 Saatchi & Saatchi 策劃一系列戶外廣告牌，字眼一點也不客氣，例如：將 Beautiful Game 的 Game 上畫個交叉，改為 Shame；把 Eat、Sleep、Breathe、Football 的 Breathe 畫去，改為 Bribe（賄賂，諷刺該國涉賄賂奪得主辦權的傳言）；把 Proud Sponsor of the World Cup 的 Sponsor 前加上 Anti，用字甚激。此外，品牌亦推出世界盃 Lost Lager 啤酒（Lager 是以下層發酵的方法製酒），說明在世界盃期間，所有售賣收入（而非利潤）將會捐到人權組織，用以協助他們抗爭不公義之事。

驟眼看，一切行為都令人對啤酒品牌刮目相看。但現世代，沒有甚麼比 Brand Hypocrisy（品牌偽善）更能令公眾

厭棄。公眾發現 BrewDog 聲大大話人跟其實質行動有出入：
（一）品牌一直在戶外廣告牌罵世界盃，但卻在旗下酒吧直播每場賽事；（二）遭揭露剛剛與卡塔爾簽訂貿易合同，在當地可售賣 BrewDog 啤酒。公眾斥之可恨。

　　現時，任何品牌／企業／人物，想在公眾面前塑造正義、公義或無瑕之假象，又或妄想可欺騙公眾一輩子，實乃自欺欺人、愚不可及的行為。當公眾有一天知道真相，認清假仁義和真面目之差異，那種「原來我們被騙了那麼久」的醒覺所產生的咆哮和憤怒，可以像星星之火那樣一發不可收拾。稍有群眾智慧的話事人都應明白，把自己塑造到那麼美好、完美又或強勁，若非真實，始終有天會紙包不住火，到時看穿和認清真相的公眾，其怒火可以來得很猛，那豈非搬起石頭砸自己的腳？唔會有人咁笨啩 ?!

無咽樣整咽樣（更換品牌形象①）

　　有些 Logo 歷史悠久、深具代表性，不能話改就改。明明好地地，亦無人表達過不滿，卻無端端把自己的商標改頭換面，說是要 Rebrand，但係：（一）客觀情況根本不需要；（二）舊商標已深入民心；（三）齋轉商標卻沒有其他配套去配合；（四）事前無向持份者做足意見蒐集，譬如新舊對比的觀感；（五）公佈正式換商標前，有否予人心理準備？若五樣犯齊，必釀公關災難。

　　服裝品牌 GAP 的舊商標，是藍色正方形、中間以白底寫上 "GAP" 字樣，對該品牌來說，乃甚具歷史的標誌性商標（Iconic Logo）。但 2010 年，GAP 的高層失驚無神走去換商標，新商標刪去那個藍色正方形底，把大楷的 GAP 換成 Gap，新字體毫無氣勢和格調。而這個聲稱是 Rebranding 的轉商標舉動，說法是想給人煥然一新的感覺，卻激嬲一眾忠實顧客，結果新商標推出僅六天便迅速收回，品牌要重用舊商標才能平息顧客怒火。

朱古力品牌 Hershey's 的舊商標是啡底銀白字寫上 "Hershey's" 字樣，旁邊還有一顆用銀色包裝的小山丘狀朱古力，但在 2009 年，商標卻被改成啡色字 "Hershey's" 再加一顆啡色小山丘狀朱古力，結果甫推出，即被網民嘲笑朱古力圖樣似「米田共」。

故事教訓：有些商標具有其歷史性，當人們已產生情感鏈結（Emotional Bonds）時，不要多此一舉剪斷他們對品牌的情感。一個品牌商標，就像一個人的名字：（一）它是最代表那個人的記號，人要有 Identity（身份識別），品牌亦要有 Brand Identity（品牌識別）；（二）壞的商標往往會將構成品牌不同處的識別模糊化，若改到剩低一個別人都不知何解的無代表性嘜頭，成個品牌的精神和特色就變得模糊不清；（三）人的名字不能動不動就改，商標亦如是，改了衰過以前，就是無嗰樣整嗰樣。

究竟搞嚟做乜？（更換品牌形象?）

不是個個新商標推出都會演變為笑話或災難的。但凡機構要推新商標，公關都有一套風險管理 Protocol 可跟，分兩部份。

（一）思考部份（PAD）

（1）Purpose：換新嘜頭目的為何？推出後有合理和具說服性的說法嗎？此處關鍵是「具說服性」。很多機構一出事都有其解釋／解話，但毫無有力說法，解釋／解話牽強，公眾會認為多餘；（2）Audience：相關持份者想要甚麼？他們期望機構創新？抑或希望機構能秉承商標象徵的歷史、精神或價值？若是後者，換新嘜頭是個強行要相關持份者對現有舊商標作出感情切割的極不討好行為；（3）Design：雖說設計好與壞是很主觀的感覺，但其實公眾有最基本的審美標準，若新舊相比下，新商標在美感、象徵意義和價值都給比下去的話，不如不做。

（二）行動部份

（1）Don't rush the launch（**準備未充裕勿強行推出**）：資深公關人最值錢處之一，是懂得瞄準最佳時機做事，倘在多事之秋，萬萬不能無啦啦整撻瘌，為自己機構或客戶製造公關災難；（2）Build internal and external alliance（**建立內外聯盟**）：推出前，要做好內外溝通，獲得大部份人支持（至少不反對），那即使推出後，坊間有些微不喜歡的聲音，也不礙事，甚或會有支持者替機構說話。《哈佛商業評論》在 2002 年有篇文章 "Selling the Brand Inside" 就指出，但凡機構有新 Branding 舉動，應先做好 Internal Marketing，若內部跟公眾同步知悉，一齊打個突，應該估到這個新舉動會有幾成功？（3）Alert the media（**事先跟傳媒打招呼**）：這也是公關人價值所在，功力高的，甚至可向相熟傳媒提供關於新嘜頭的正面故事──當然，前提是真有具說服性的好故事，否則，就要回歸 Purpose 第一步去思考：究竟搞嘜做乜？

推新嘜頭前要做足工夫（更換品牌形象③）

　　品牌要換嘜頭，公關身兼重任。城中兩位大企業資深公關一哥和一姐分享：當年機構高層要做重塑品牌形象（Re-branding）項目，在推出前向不同相關持份者做好溝通這一環節，就足足要用起碼一年時間籌備和進行，確保大家都明白要重塑品牌商標的因由和理念，並支持機構決定，才敢謹慎推出。他們都說，推新嘜頭前要做足工夫，若無一年時間做預備工作，會直接跟最高層說：「唔好諗，否則一推必有災難！」能否有牙力成功游說高層？就要看功力和往績了。

　　一個商標，可以深入民心，例如麥當勞的 M 字、迪士尼的米奇老鼠耳仔、Apple 那被咬了一角的蘋果等，但凡公眾早已看慣一個商標，資深公關人必會知道，要換嘜頭是可大可小的公關事項，在整個過程中，公關擔當着最重要的 Brand Protection（保護品牌）把關者，故必會做好風險評估和風險管理。

　　先說風險評估，包括以下考慮——若這個時候、這個社

會氣候，做這個動作：（一）冇冇此需要？（二）有冇一個令人信服的說法？（三）公眾和不同相關持份者對現有商標有幾強識別度和情感連結？ 2017 年，《福布斯》有篇文章，提到企管人需要對甚麼時候不是更換商標時機有辨認能力，作者 Gabriel Shaoolian 指出，此情況下推出新嘜頭必注定慘敗：當公眾和不同相關持份者對商標所象徵的品牌歷史很珍惜和有感情，而新嘜頭予人感覺是 "a break from the past" 時，必會予人一種意圖 "erasing a cherished brand history or betraying the principles the brand was founded upon"（擦掉珍貴的品牌歷史或背叛品牌創立之初心）的舉動的話，那即說明，這樣推出新嘜頭風險肯定相當大。

若上述一、二、三所評估出來的結論是弊多於利，何苦無啦啦整撻瘌 ?!

大劈價傷害品牌（品牌營銷①）

2020 年 10 月，某品牌月餅被發現在中秋翌日於某超市，由每盒原價 200 多元大劈價到 50 元，不知此舉是否抱着「蝕少當贏的心態」，但從公關角度看，實屬不宜，原因：

（一）君可見過奢華時尚品牌的高檔消費商品，會有大劈價之舉動？劈完就變 Cheap，此乃定律，要做月餅龍頭品牌之一的話，容許超市將其商品劈價劈到四分之一，是件不聰明之事，因為這會傷害了品牌長久建立的中高檔次形象，這是欠缺 Brand Protection（保護品牌）意識的舉動；

（二）可從相片看到，一棟棟在超市內未賣出的月餅加埋個 50 元一盒的紙牌放在一旁；這是 Bad Imagery（壞透的視覺），令看到的人覺得此品牌的月餅滯銷、不再受歡迎；

（三）請想像一下，前一天才用正價 200 多元購買月餅的人，得悉翌日原來可用 50 蚊就買到同樣產品之心情——難免有點𡃁𡃁豬，感到有無搞錯？有種被搵笨的感覺吧！登時會猜想：下年佢哋會點做？

（四）此舉令人聯想，若成盒月餅材料和製作只值 50 元或更低都有賺的話，首先是令人質疑材料質素，同時亦令人不禁會想──那你標價四倍以上，食水好深吓喎！

從公關角度看，中秋節翌日即被超市劈價劈到 50 元，長遠來說，百害而無一利。

與其將賣剩月餅劈到賤價，倒不如去做下好事，將那些月餅捐贈慈善機構、基層家庭或護老院，好讓他們也可感受到佳節溫暖。但此舉也要謹慎安排，一定不能中秋過後才送，否則便會給人「賣唔晒先攞去捐俾人」之口實。最遲中秋當日下午三點前送到就最好，因有心要買的顧客會在之前已購買，若太遲（如黃昏或晚上）送到，有些公公婆婆在五點半前已食完晚飯，那就毫無意義了。此外，做此等好事不宜高調舉行，只能低調送暖，更不應安排傳媒報道，否則，只會令人覺得品牌利用有需要人士幫自己做場大龍鳳 PR Show。

精神病院出月餅 (品牌營銷①)

上文提到有月餅品牌，在中秋節翌日大劈價，以四分之一價錢清倉，其實反令人覺得毫不矜貴。在此再舉一個強烈對比的例子：

某年在上海過中秋，最令人想擁有、想在社交圈炫耀的、最火紅的，不是那些老牌子或五星級酒店推出的月餅，而是「宛平南路 600 號月餅」。上海本地人曾有這樣的說法，要判斷一個人是否真正的老上海，有兩個條件：（一）這輩子都未登上過東方明珠和金茂大廈（老上海都對這兩個遊客地標不以為然）；（二）從小就知道「宛平南路 600 號」是哪。

原來，宛平南路 600 號是一所於 1935 年建立、上海市唯一一座精神病學專科三級甲等的醫院，附屬於上海交通大學醫學院。上海人一說「600 號」，就知所指何處，例如：一聽「你是否剛從 600 號出來？」此句，就知帶有調侃意味。這所精神病醫院那年中秋推出了六款口味的流心月餅：牛奶芝士、青蘋青梅、咖啡巧克力、蜜桃鐵觀音、荔浦香芋和黃

金紫薯。每個月餅還印上了「上海市精神衛生中心 1935」的字樣。這盒原價賣 78 元（人民幣，下同）的月餅，竟一度炒至 1,288 元。那年中秋，上海人認為能送到或收到一盒由此精神病醫院推出的月餅至為夠體面。

精神病醫院出月餅，當中口味又創新，這都是勾起人好奇心的元素，但我認為最重要的原因，是因為它限量 1,000 份，而且不對外公開發售，只對內部供應，必須具備內部人員的飯卡才能在食堂買得到。這下子，就令到其他人心癢癢了，越買不到越想買，網上亦有網民提出扮有精神病去看病，然後問醫生借卡去買餅。

這是 Scarcity Principle（稀少性／匱乏性原則）之一例，越罕有，越珍貴，越覺得必然好過其他選擇，越想千方百計得到手。這與上文所說之例，賣不去的月餅幾大棟——劈價但求促銷成反比。越做到賤價唾手可得，越沒人想要，這個道理，大品牌理應明白。

Tesla 高科技低公關

2021 年，Tesla 向國家市場監督管理總局備案，由 6 月 26 日起，回收在上海生產的 Model 3 和 Model Y，及進口 Model 3，合共逾 28 萬輛，原因是巡航控制系統出問題，可能導致加速或影響司機誤判的道路意外；而這次回收，車主毋須把車子駛回原廠保修，而是公司透過遠端方式下載技術（OTA）更新軟件去完成。

可能 Elon Musk 把它看成只是技術問題——技術出錯，用嶄新的技術修理好，問題解決，句號。但從公關角度去看，那不僅是技術問題，亦關乎信心和信任。消費者的信心和信任一旦失去、動搖或打上問號，那就不是雲端技術可重建、挽回或消疑那麼簡單。況且，那不是第一次。

2021 年 4 月 17 日，美國德州一樁 Tesla Model S 事故，造成兩人死亡。警方初步估計，是無人自駕系統（Autopilot）在拐彎處未能順利過彎，衝撞路旁樹木後，起火燃燒。而諷刺的是，意外發生前幾小時，Elon Musk 才在 Twitter 發文

說，以他們現時的 Autopilot 技術，發生事故的可能性比普通車輛低十倍。再之前，還有內地車主對 Tesla 煞車失靈的維權控訴。事件被不同單位，包括 Tesla，作出不同解讀，姑勿論真實故事如何，但從公關角度去看，畫面絕對是 Bad PR。

當連串外國至中國內地關於品牌的相關報道，都是一些系統／技術的出錯問題時，久而久之，公眾就會產生累積記憶，長遠來說，會影響信心和信任。此時就是公關要發揮了解、溝通、安撫、釋疑、聯繫功能之時，尤其是當品牌想在一個不同文化的市場植根的話，就更需要擅長與當地公眾溝通的公關專業。我相信有資深公關人士教路的話，之前在內地發生的維權事件上，Tesla 就不會派當地副總裁出來，說出「沒有辦法妥協，這是新產品發展必經的一個過程」此等火上加油之說話。

但 Elon Musk 已於 2020 年把 Tesla 整個公關部門解散，自此以後，只有他獨自在 Twitter 發放 Tesla 的消息。不知他是低估了公關的作用，還是高估了自己的魅力？

173

魷魚遊戲 vs. 豬友遊戲

　　航空公司最棹忌是自己品牌令人聯想到死亡。幾年前，馬來西亞航空在連續兩單致命航空災難後，被馬來西亞政府收購，一個月後他們竟推出名為 "My Ultimate Bucket List"（我臨死前最想做的事），叫網民玩遊戲、贏機票，用 500 字寫下臨死前最想在哪兒做甚麼事，意謂馬航可令你夢想成真。看完，禁不住即刻講句「大吉利是咩！」而馬航成功地把自己的品牌跟「臨死前」、「就嚟死」和「死亡」在人們的腦海連結起來。

　　但人類總是不停犯同樣的錯誤。香港竟有航空公司在社交網站上載一幅圖，那是借用之前 Netflix 最紅火的電視劇《魷魚遊戲》內的一個遊戲：參賽者必須用針把印在韓式糖餅上的圖案完整地挑出來，若破壞了那個圖案，那個參賽者就會被淘汰，兼且會被殺死！看過《魷魚遊戲》的人都會知，這個韓式糖餅只會令人聯想到劇情裏所象徵的死亡、廝殺、恐怖等影像。而航空公司上載的那幅圖，就是這個韓式糖餅，

餅上印着該航空的飛機，然後有一枝針，意思明顯是指《魷魚遊戲》那個挑錯就要死的糖餅遊戲。唔係嘛?! 人家搭飛機最棹忌的就是聯想到死亡，現在航空公司竟主動地引導網民去把自己品牌跟「有被殺死的可能」的遊戲情節互相連結，簡直笨到一個點。況且，那個印在糖餅上的圖案，會被參賽者挑破，一間航空公司，是不會想別人覺得一挑即爛、又或挑到斷了隻翼或崩了條尾的。

替航空公司想出這條橋的人，或許自己是該電視劇的超級粉絲，又或以為趁劇集現時大熱乘機借勢製造話題，但航空公司是最不能抽這個水的，把死亡、易斷、逃難等想像跟自己品牌掛鈎，是錯的引用、錯的連結、錯的聯想，效果是陷自己公司於不義。《魷魚遊戲》在螢光幕上演之際，現實世界也不停地上演着「豬友遊戲」。

街市賣包包，錯晒！

Publicity（曝光率）未必一定有意義：（一）Publicity 不等如 Favorability（喜愛度），品牌要做的，是如何提升公眾對它的喜愛或鍾情度，而非盲目追求曝光率或能見度；（二）成日在公眾面前出現，看得人麻木或致反效果，日日望見不代表會鍾意，最緊要係個餡有甚麼值得人鍾意？無的話，即使日日在人前舞龍，只會惹人煩厭。但時至今日，仍有不少品牌／機構盲目追求 Publicity，結果搞了場大龍鳳，聲浪大效益小，得個桔。

2021 年 9 月底，奢華品牌 Prada 在上海夥街市合作搞快閃活動。那是個濕街市，即傳統賣魚賣肉賣家禽、地下濕濕地、空氣瀰漫街市味、主婦日日去買餸的市場。這個快閃活動，一棵葱、一隻蛋，都用印有 Prada 字樣的招紙包裹，但凡買滿 20 元就有 Prada 紙袋送。活動引來很多人排隊，大多為打卡和拍片（有些拿着招紙包齋拍不光顧）。這類高檔牌子對一般市民來說，平日或許遙不可及，現在買棵菜就

送個 Prada 紙袋，成件事忽然平民化到猶如王老吉涼茶。

但我不明這個快閃活動，除了製造了一日的 Publicity 外有何意義。（一）作為高檔牌子，目標群眾從來不是去街市買菜的普羅大眾，用 20 元買個印有 Prada 字樣的紙袋已很高興的，是一班人；真正行入舖買這品牌衣服、手袋的，則是另一班人。勞師動眾搞場大龍鳳吸引非目標群眾，簡直白做；（二）高檔品牌不會想在公眾心目中，留下一個與街市／魚腥味混雜的嗅覺記憶。高檔品牌有其形象和格調，與格格不入之事硬放在一起，不是突破，只是突兀而已；（三）目的和主題不明，齋做 Publicity 在現世代已行錯方向，面對非目標群眾宣傳，錯上加錯。

更有人被攝得，棄菜留袋，暴殄天物，結果連官媒央視網也狠批「菜場不是秀場」。成件事由一開始考慮已經欠周詳，最後更變成 Negative Publicity（負面曝光），得不償失。

農曆新年的公關瘀事

農曆新年是中國人大節，大家都希望一年好過一年，亦盼新年迎接吉利和順利，所以最棹忌意頭不好的東西在此時出現。有一年，兩個外國媒體分別登出中國賀年食譜，在食物旁邊竟以冥錢及吉儀作裝飾，真係大吉利是。外國公司在中國農曆新年闖出禍來，已非首次，跟大家回顧一下外國品牌公關瘀爆事件：

2015 年，Burberry 為了迎合內地消費市場，在其經典杏啡色頸巾末端，繡上一大個紅色福字，名為「農曆新年特別版頸巾」。這條福巾，售近 5,700 元（人民幣，下同）。產品甫推出，即遭內地網民批評品味差劣：「十足 35 元山寨貨。」

2016 年，Nike 在內地推「中國風」球鞋，於人氣白色 Air Force 1 上畫蛇添足，左右鞋繡上紅色發字和倒轉了的福字，娘味湧現，亦遭內地網民取笑：「誰要發福 ?!」

2016 年，Louis Vuitton 和 Piaget 為慶祝農曆猴年，前

者設計了一條全剛圈頸鏈，鏈咀吊着個貌似外星人碩大對眼望着人的猴子；後者則用上一隻逼真度猶如馬騮山上識搶途人膠袋的馬騮做錶面，也被網民笑罵「醜不堪言」。

2019 年，Burberry（Again!）聘趙薇、周冬雨拍了輯賀年全家福硬照，但黑灰色背景，加上相中八人神情冷漠，笑容欠奉，充滿詭異氣氛，猶如恐怖片劇照，同遭網民狠批「似喪事多過喜事」。

一件又一件農曆新年公關瘀爆事件，說明這些外國公司對中國文化敏感度不高，當然，我們每人都不可能對另一國文化瞭如指掌，但既然看中一個市場，又覺得要趁人家過年過節表示一番誠意，要做就要徹底做足了解當地國情與文化的工夫。其實，這些公司全都有分支在內地和香港，只要找一兩個當地同事 Double-check 問問，必能指出「發福」、「吉儀」之可笑和不宜。現時在內地亦已有多家專做中國消費者市場、提供由調查到給予意見服務的顧問公司（如：China Skinny），想多行一步，隨處都有方法，那就可減少很多不必要的自製公關瘀事。

好玩唔玩

品牌不是個個節日都需要或適合應節，例如清明和重陽。

另外一個非常大伏位的節日，是愚人節。若非幽默者、非知分寸者，最好有點自知之明：Stay away from it！不然到頭來，玩番自己惹上公關災難，就要在 April Fool's Day 唱一首："I started a joke...but the joke was on me"。

2021 年愚人節，德國汽車品牌 Volkswagen（福士）宣佈，會在美國區域改名為 Voltswagen（Volts 是伏特、電壓），暗示品牌來年會主打電動車，還發了正式新聞稿公佈：「我們知道，六六之年是一個不尋常的歲數去改名，但我們素來內心年輕……讓我們介紹 Voltswagen……」寫到咁，很少人會想到堂堂大品牌會搞啲咁嘅嘢嚟玩。當時有媒體致電品牌詢問是否屬實，福士管理層實牙實齒確認，傳媒就放心報道，消息一出，有市場分析員讚好，福士股價由 $32.40（美元，下同）升到 $38.46，最後愚人節當日以 $35.58 收市。

後來品牌高層在 Twitter 道出真相：那只是愚人節惡作劇，他們沒打算轉名。

德國人的強項從不是幽默感，可能他們覺得這就叫 Funny，但公眾、記者、市場分析員齊齊鬧爆，這其實是欺騙，尤其是刻意誤導財經市場以致影響股價急升，操守和法律上都有責任。以後如何再取得他們信任？有位記者直插福士：「你欺騙了我，也欺騙了 CNBC、路透……」品牌最緊要誠信，尤其是福士幾年前被揭發在美國銷售的車輛，刻意在發動機控制器植入特殊軟件，以逃避官方檢驗，但實際上這些車輛排放的廢氣全都超標 10 至 40 倍。

此單舞弊案公眾記憶猶新，再加上愚人節欺騙全世界的行為，品牌是把自己在公眾腦中植入「大話精」形象，以後說甚麼，記者、財經市場、消費者都會即時反應：「我不確定應否相信出自此品牌的說話。」可能品牌以為，在愚人節製造一點好好玩的笑料和話題，但愚人才笨到會玩傳媒、玩市場、玩公眾，自製一場誠信災難，那是搵自己最大的笨，真係好玩唔玩。

失去獨特之處的品牌

　　品牌失去獨特之處，就是邁向平庸。一個人如是，一個產品如是，一個城市亦如是。做領導層的，先不說要搞甚麼新意思，首先最基本要做到的，就是保住前人一直以來艱辛替品牌建立的強項（Strengths）和獨特之處（Unique Selling Point），在這基礎上，再思量如何創造新搞作，加添額外價值。若做領導的，逆向而行，把品牌的強項和獨特處斬掉，那就是監生推品牌走上平庸之路，此等資質的領導，好東西都變壞，壞東西則加速死亡，咪妄想能起死回生。

　　例如，蝕錢樂園諗出個城市「森動瑜伽」班，賣點是在其水族館，邊望住千條魚游來游去，邊做瑜伽，每堂數百元不等。同時又搞了甚麼星夜 Glamping，玩兩日一夜露營，位位收費近 7,000 元，領導層話銷情理想云云。去到虧損逾 11 億元，稍有 Business Sense 的，都知道着眼點並非單項項目之銷情是否理想的問題，而是主題樂園如何作長遠部署，以製造長期 Financial Sustainability（財務持續性），

這才是關鍵核心問題，搞一兩個斬件式活動做點 Noise 有幾難？做公關就知，即使在已入秋之時開放水上樂園，要 Present 到盛事一樣的話，只要搵幾個 Close-up Shots 拍下家長之開心笑容、小朋友話好玩之類的鏡頭，完全無難度；然而，此類 Publicity 對整個企業實際有幾多起死回生的作用，領導層應該心裏有數。

在主題樂園搞瑜伽或 Glamping，即使當你銷情理想，領導層要思考的是：（一）成件事有幾 Unique ？（二）有幾 Repeatable，可吸引人玩完再俾幾百蚊一堂或幾千蚊一晚再番嚟玩過？（三）靠（分分鐘是單次一去無回頭之橋）揼石仔方式去止住 11 億元之虧損，成功機率有幾大？

當一個品牌的獨特處被砍剩我有人都有的地步，看到的，就是一條邁向平庸之路。那麼，領導層要向公眾準備一個交代的說法，為何一件平庸之物，值得我們繼續豪揼無限億去睇住佢平庸落去？

第 5 章
危機
拆彈術

常識不尋常

公關智商，最基本要有常識，由此基礎再建立傳媒、社會、溝通、文化和時間觸覺。但至低限度，要有 Common Sense（常識），即普羅大眾（沒受過專業訓練）都能諗到或理解的知識，否則，好難再講智商。

一個週日，有銀行的網上理財 App 及櫃員機於中午時分全線死機，客戶無法登入或提款。全線死機，不是局部出現故障，至低限度是否應在搶修期間：（一）無論責任和禮貌上向市民通知一聲？（二）為構成不便致歉一下？在社交平台做以上兩個動作有幾難？

更有趣之處是，全線死機期間，銀行竟在其官方臉書宣傳網上理財 App 的環球付款功能，「可以輕鬆轉賬至全球逾 200 個國家及地區嘅海外戶口」。呢個時候，還叫人用這個死火 App，是甚麼玩法？自我攞景還是贈興呢？即使帖文早已排定鋪出時間，負責部門和負責人也得看看周遭形勢，突如其來的全城死機，就應識馬上變陣，尤其是在官方社交媒

體，一切都可以控制，先把它 Hold 住根本易過借火。產品在眾人面前壞掉，還會向人宣傳產品嗎？相信隔籬屋阿黃師奶都知不合時宜。

Timing 很重要，對的內容放在錯的時間，都是錯。例如，我們不會在社會有傷感事件發生後，翌日就普天同慶地大肆宣傳自己機構的週年紀念活動。當年的國泰就很有這種 Timing Sense，猶記得 2011 年 8 月，國泰被圖文並茂地爆出有疑似機師和空姐在機艙內發生性醜聞，該公司本來已計劃在 9 月推出全球廣告宣傳項目，口號叫 "Meet the team who go the extra mile to make you feel special"，惟性醜聞爆出，這樣的 "go the extra mile" 或會引起不必要的聯想和嘲笑，於是廣告的 Global Launch 馬上叫停。當年的大企業，處理事情有板有眼有紋有路有 Sense，現在看見一些大企業的低級技術性公關災難，常識已變不尋常，有時不禁問句：Where has all the common sense gone ？

不懂說倒不如閉嘴

　　危機管理無分文化、地方、時間，必定通用的第一條定律：但凡天災人禍或令人傷感之事，切忌趁機：（一）抽水；（二）兜售；（三）講笑。犯下是但一瓣或以上，必犯眾憎，必定自製炸彈，但如此缺乏 Common Sense 和同理心，落得個關公到訪收場，與人無尤。之前，Facebook、American Apparel、Gap 等，都犯過此等低層次錯誤。

　　2021 年 7 月，中國河南省遭遇特大暴雨，死傷逾數十人，亦有人失蹤，鄭州地鐵有數百乘客被困，幾乎被淹沒，搶救和失救的畫面，在社交網絡都可看到，內地公眾情緒瀰漫哀愁，但人類的錯誤總是不斷重複。

　　在鄭州陷入暴雨困境之時，專門提供個人和企業出租車服務的「享道出行鄭州」在其公眾號發表了鄭州啟動一級紅色暴雨預警，帖文這樣寫：「暴雨警告：我有點大，請你們忍一下！」隨後引發了公眾洪水式的怒吼，因為用上了當時在網絡廣受內地網民熱議、牽涉到「大、小」字眼的吳亦

凡性醜聞之聯想（網上流傳吳亦凡愛對女性自誇性能力的新聞）。

際此災難時刻，如此把玩文字，遭到劣評是預計之事，皆因：（一）但凡天災人禍，用開玩笑／調侃／輕佻之口吻去回應，必引起公憤；（二）吳亦凡本人都因性醜聞而搞到周身蟻，引用疑似他的說話，不好笑之餘，更會產生累鬥累、壞事成雙的雙倍負分效果；（三）公眾已非常討厭齋嗡而毫無行動的抽水文，表達同情而沒有行動尚且不能取悅公眾，更何況是開玩笑、調侃、輕佻之態度，又對災情毫無實質幫助的廢話？

雖然「享道出行鄭州」在翌日已刪除推文並致歉，但公眾情緒似乎並不收貨，畢竟涉及嚴重災難。品牌與其在此時此刻說不出合宜的話，倒不如閉嘴。

咪做雜牌豬隊伍（處理賠償①）

　　有些公關災難，會涉及賠償或補償（Compensation）的問題。面對今時今日挑通眼眉的公眾，品牌或公眾人物犯錯失，不要以為僅公開道個歉、補個償，公眾就必然會收貨。

　　有些公關災難的本質，根本無得使出補償這一招，例如，在記招佈景板上寫錯自己國家名字，尷尬到標冷汗，但此情此景，可以補甚麼償？難道補償給觀眾？抑或補償給被寫錯名字的單位？有些情況，Damage is done，但又補償不了，甚至補償不起，惟有硬着頭皮或厚着臉皮道個歉就算，那是唯一唔做唔得、但做咗又挽回不了幾多的動作。若一早判斷場合是屬於不能有錯、一錯就連賠償或補償這招都無從使出的話，那就要打醒十二分精神，每一個出街要見人的步驟，都要反覆檢查，確保絕對無誤。

　　從公關角度看，一件事由構思、製作，到呈現公眾面前，需要經過每個步驟的人員謹慎檢視。若一件事出來是漂亮地呈現於公眾，那必定不僅是一個人的功勞，而是背後整個團

隊的努力。反之，件事出來甩皮甩骨、錯漏百出，那就說明這個團隊不僅得一個豬隊友。因為連公眾都睇到錯漏，即說明整個流程的監管不足，雖有豬隊友犯錯，但若其他人醒目必會瞄到，在面世前已能修正。若一名豬隊友犯錯，其他人竟全不察覺，最終讓錯誤重重過關呈現人前，那就幾乎可以肯定，整個團隊要有相當數目的豬隊友，才能共同炮製此丟人現眼的局面。

近年公關災難頻生，其實很多都非關外來因素，而是內部豬隊友所「帶挈」的。「一人做事一人當」，說出來好像很豪氣和霸氣，但有些公關災難，是肉酸到暈卻又補償不了的錯誤，後果莫講話一個人，根本連一個團隊都未必能擔當得起。總之一句講晒：出街見人嘅嘢，無論一個字抑或一個標點，所有人唔該醒醒定定，咪做雜牌豬隊伍！

飛甩門怎補救（處理賠償②）

2021 年 12 月，港鐵在傍晚六時放工繁忙時間，發生「飛甩門」事件，那是港鐵通車以來，史上第一次。慶幸當時沒有乘客挨近車門，否則不堪設想。

港鐵表示，初步懷疑因為有廣告牌下方部件移位，並與車門發生碰撞，引致車門飛脫。這是港鐵提供的飛甩車門原因，但解釋是否令人覺得可接受，則是另一回事。乘客安全和人命攸關，起碼要正面回答以下疑團：（一）廣告牌部件移位，為何負責更換廣告的單位如此甩漏？（二）若是外判單位負責更換廣告，港鐵在更換廣告後有沒有再檢查，確保所有影響行車危險的因素都得以控制？（三）為何車門一碰撞廣告牌移位部份，就即飛脫那樣兒戲？

此外，**處理公關災難有時需要用到補償或賠禮，以表道歉誠意，這招叫 Compensation，但要用得靚、令公眾受落的話，必須令人覺得賠禮者都有相當的犧牲**。港鐵在飛甩門翌日宣佈：「會向所有 MTR Mobile App 登記用戶，存入

1,000 MTR 積分作為小小心意。」真好奇這條橋不知何方神聖想出來。首先,它表明登記用戶必須在 12 月 2 日(即飛甩門意外當日)前下載港鐵個 App,即是說,若公眾看到那 1,000 MTR 積分宣佈後才登記,真係 Sorry,已經太遲。

而最關鍵的問題是:究竟 1,000 MTR 積分有何作為呢?原來,MTR 個 App 要儲夠 3,000 分,才享有十蚊雞的車費折扣,即是說,1,000 MTR 積分只相等於港幣三個三銀錢,而條款是:登記人需要儲夠 3,000 分(即要坐多 400 蚊港鐵,才可儲到剩餘的 2,000 分),先可以去換那十蚊雞的折扣優惠,結果被網民揶揄:「史詩級關公教材」、「終於明白成日叫人請勿靠近車門係咩解」、「竟然有 3 蚊派,真係開心到合唔埋口呀」……

補償或賠禮,切忌予人小家之觀感,若要人家使多 400 蚊,才攞到嗰三個零銀錢,老老實實,一家公司真係咁手緊的話,那倒不如慳啲啦!

賠償需令人覺得付出代價（處理賠償③）

上文〈咪做雜牌豬隊伍〉提及，有些公關災難根本無得賠償或補償（Compensation）。但有些卻在用賠償或補償這招時，用不得其法，遭恥笑或令人憤怒。

美國經濟學家 John August List 發現，犯了錯，除了道歉外，要加上補償，才能令人消氣，但若要這個補償行為奏效，就必須具備一項條件：**補償行為要令對方／公眾都覺得犯錯者也付出了很大的代價（Suffering a cost）**。換句話說，要令人條氣順番，補償不能象徵式，又或令人覺得以補償為名、實則搵笨為實。舉個反面例子：

台灣老虎堂在 2017 年 11 月開業，打着「以純手工手炒黑糖及自然質樸」的旗號為賣點，隨即引發排隊潮，但後來有自稱離職員工向傳媒爆料，指當時的老虎堂使用桶裝濃縮黑糖漿，根本並非品牌所標榜的「手炒黑糖」，且當中成份含焦糖色素。這是存心欺騙和誠信破產的公關災難，要拆彈的話，品牌要在道歉和補償行為上做得夠深、夠強、夠狠，

讓公眾看到在這次錯失中，品牌也付上了很大代價，才能令公眾消氣、願意給它多一次機會。

但當時的老虎堂如何解說呢？（一）先解釋以機器代替手工，是基於「不忍員工辛勞手工製作和消費者長時間等候」；（二）強調「用料合法」；（三）最荒謬的是，在面對誠信破產的公關危機中，竟宣佈推買一送一「限量優惠」。品牌想出來的「補償」行動，未免太厚待自己和太睇小公眾智商了。當時有台北市議員公開指罵「被騙到懷疑人生」，亦有網民斥責此營銷當補償的屎橋「厲害」，並嘲其「道歉還想炒作限量賺一波」。

「機炒扮手炒黑糖」是第一次搵笨，被踢爆後，還想藉「買一送一」再搵人多一次笨？失敗的公關，就有失敗的效果。學公關等如學做人，那其實已超越公關問題，而是人品和智慧的問題。品牌和人一樣，只想到自己利益、不停搵人笨者仍充斥四周，但你精人家都唔笨，搵得（人）笨多終遇「苦」，人家挑通眼眉來個睬你都傻，搵人笨者就只能食白果或自食其果，此乃人生定律，種甚麼因，得甚麼果。

補償不能孤寒度縮（處理賠償①）

做錯事想公眾看在眼內順氣，那個 Compensation（賠償、補償或賠禮）要令人覺得涉事人／品牌／機構也付出了一個重大的代價（Suffering a cost）。環顧世界各地，普羅大眾有那麼多的公憤或積怨，是看到明顯犯錯的人／品牌／機構，毋須為自己的錯失而承受後果或代價。

因此，在處理公關事件上，Compensation 個個都自以為識做，但不是個個都做得漂亮。做得小家和小氣、又或補償、賠禮前，仲想搵人多次笨的話，不如乾脆不做，皆因只會令人繼續恥笑、氣憤或鬧爆。相比起那些孤寒度縮的反面個案，以下是把 Compensation 用得較好的例子：

2018 年，美國星巴克發生有員工在店內歧視兩名黑人的公關災難：事緣兩名黑人坐在咖啡店等人，打算人齊才叫飲品，但員工斷定他們是「白撞」而致電報警，要求警察把兩人帶走。整個過程被其他人拍下，並上載社交媒體，連白人也看不過眼，斥責星巴克員工歧視黑人，有些白人顧客還挺

身而出，質問星巴克：「若兩名黑人換了是我們（白人），你們還會報警嗎？」

事件越鬧越大之際，隨着 Black Lives Matter 來勢洶洶，星巴克立即公開宣佈，美國逾 8,000 分店會停業一天，向員工進行反種族歧視教育，並會支付兩位黑人全數大學學費。雖然公眾都知道，美國歷史深遠的種族歧視問題，哪有可能在一天內上個堂就可解決？但公司突然來一招，關掉全國逾 8,000 分店一天，個個都估佢唔到。

有估計說，星巴克犧牲了當天起碼 1,400 萬美元的營業額。這樣做，至少令公眾看到公司在彌補自己過失中，自願付出了一個很重大的代價，這個做法不僅把杯葛聲音隨即減退，更獲《福布斯》讚揚 "Starbucks Gets An A In Crisis Management"（星巴克在危機處理當中表現超班）。其後，不少機構如美妝品牌 Sephora 也向星巴克偷師，處理員工涉種族歧視事件，但世間所有事都是同一定律，第一個帶頭做的，始終最令人刮目相看。

「奇奇 B」公關災難

香港潮流玩具店 KKplus，2022 年 5 月爆出公關災難，事緣一名小童，因避人潮而不慎挨跌一個價值逾 50,000 元的 1.8 米高「天線得得 B」模型公仔，男童家長也當場提出賠償，結果協商以 30,000 多元了事。事件引起公眾熱議，連大陸及台灣兩岸網民和傳媒也廣泛討論，有些大陸網民還提出一詞，叫「碰瓷」。

這件事甫開始時，本質上不是黑白分明的事，商店一方對自己昂貴又易碎的展品，沒有適當保護和提醒，有不對的地方；而家長小孩那一方，縱然影片顯示小孩確實無心地挨跌得得 B，但牌面確實打爛了人家的產品，亦有不對之處。這件事，本來一開始時，是雙方各自都並非完全無誤下開局，大家都五十對五十，這就是公關經常要面對的場景：沒有一方是明顯的黑或白（黑白正負分明的場面當然最易搞，但世事十之有九都並非如此客觀絕對），在不是道理分明的情況下，公關要做的事就是：（一）講好我方的故事；（二）爭

取社會認受性而非在理據上「拗瞥死」；（三）呈現良好姿態。

先看看商店一方，在初時正面對一個怎樣的開局：（一）父母見兒子損壞了公仔，承認責任，想做好身教，所以立即賠款 30,000 多元。這是良好姿態，令大部份公眾都先對父母和小孩那方產生好感；（二）後來有人拍得影片顯示小孩不是故意，亦沒有踢腿的動作，只是一個挨身的動作就無心地推倒了模型公仔，小孩媽媽看了影片後亦訴說怪錯了兒子。影片清晰證明小孩是無心之失，令公眾對這家人又加多了一點體諒同情分。

這就是 KKplus 本應要知道正面對的一個開局。那是一個公眾情感上已經傾向父母和小孩一方的局面，所以，若公司聚焦在顯示自己多麼的有理據收下男童父母那 30,000 多元賠償，只會引來更多的反感和公憤，這種茸茸 B（令客戶／公司頭茸茸）公關，會越搞越搞。

情感的場景要用情感化解，但在這件事上，商店一方的公關策略，在第一步出招時似乎完全不明白這點。

公關咁做榆列尾

承接以上玩具店的公關災難，面對着：（一）男童把得得 B 挨倒，跌碎價值 50,000 元的產品；（二）商店職員收下男童父母 30,000 多元的賠償費；（三）逾千人到該公司社交平台鬧爆俾嬲，KKplus 該如何看待這個局面？

（一）公眾輿情沸騰，第一下出招就應放在如何平息公憤、防止火上加油？這個場景，並非爭拗誰對誰錯的問題（兩邊都可以有錯），而是解決已發酵的公眾負面情感和觀感問題，最不應做的，是予人高傲的口吻去指出我方有理據收取賠償；

（二）這是個千載難逢的機會：當全城都關注該店會點做時，若第一招出得漂亮爽快，以積極主動（Proactive）和良好姿態（High Ground）回應和處理，成功贏得公眾好感和製造 Talking Point，那個報銷了的 50,000 多元（被推爛了的公仔價值），直頭是最便宜、最抵的公關費。

該店本可第一招即來個華麗逆轉，若在輿論發酵初期，

即時派人私下聯絡男童父母，為產品擺放失策和讓孩子受驚向父母道歉，立即退回賠償，送上小心意，再發新聞稿交代一切，指出男童父母接納和滿意該公司的處理及心意，那就是個良好的主動姿態。若當事人都無事，周邊也炒作不起。若男童父母得到安撫，說不定會主動說回幾句好話，那就將會是最強的 Third Party Endorsement（第三方支持）。

然而，該公司在事發後，卻在凌晨一時來個「澄清聲明稿」，整篇語調、定調、做法、焦點、時間統統錯晒，此情此景，還以嚴正口吻死撐自己有理有據，徒添公眾反感。事情發展一如所料，聲明 Post 最終撤回，繼而道歉和退款。假如同樣動作，能一早主動而非在公眾輿論壓力下才被動去做，效果將是天淵之別。如今在群情洶湧後，才聯絡涉事父母道歉和退款，再送贈禮品，即使未去到令人有假情假意之感，也有突兀造作之嫌。男童父母拒絕禮品，並強調「我唔係嚟攞着數嘅」，該店在整件事的姿態上，可謂由頭輸到尾。

被人惡搞點處理？

　　無論品牌、企業、公眾人物，都要有被惡搞的心理準備。人家的惡作劇，認真你就輸，必要時，否認那是事實便可，下下出力回應兼揚言報警，那不就是：

　　（一）小事化大：見慣風浪的，泰山崩於前不動聲色，惡搞連小沙丘都不是，若蒜皮小事已出盡力嚴陣以待，那真正遇上大事時點算？（二）自己主動把件事提升到係人都知的層面，即是 Drawing unnecessary media and public spotlights，見你如此「高度重視」其炮製的惡行，惡搞者最 Happy，效果直情是幫人宣傳；（三）貶低身份，皆因惡搞者通常智慧、品味和整體質素都是低級低劣的層次，若你認真兼高調回應，簡直拉低自己水平；應對低水平的人，當他們 Nothing 或透明更好，一句澄清並非事實就應完事，再多動作即是當他們是 Something，毋須幫人升呢、更毋須抬舉對方，若己方 Overreact 和 Overdo，看上去有點神經質，效果滑稽。

早幾年，有一小撮人在 WhatsApp 流傳，某牛肉飯店，引入福島輻射米飯，叫人不要幫襯。這個傳言一睇就知根本炒唔起，只是非常一小撮人互傳而已。但店方卻在社交媒體公告天下，並這樣寫道：「我們憤怒了（咁小事都嬲）！已 Call 999，我們一直無用福島的米飯蔬菜（公眾即起疑：那食材是來自哪裏呢？）。」區區小事，店方卻把它推到成為全城都知兼笑爆嘴的公關災難。

故事教訓：做得高層的，咪事無大小都只得一招和一個 Tone，要有點智慧分辨哪些小事根本不值甚至不屑一提，又或用平淡一句回應就算了，事無大小下下都出力打，看在公關人眼內：（一）會質疑高層有否分辨能力；（二）高層會不必要地親手製造「狼來了」效果，因事無大小都只得一招出力應付，到將來真正需要表達事態嚴重、要嚴正處理事件的時候，公眾早已不覺得是一回事。

把 Haters 清零是妄想

在幾次企業公關培訓裏，不同機構的企業人員不約而同地問我：「即使做得再好，總有人在社交平台彈三彈四，該如何處理？」看來，仍有不少企業人員很在意負評。我先拋出一個問題請他們思考：「我們面向公眾時，應聚焦 Haters ？還是聚焦 Mass ？」有參與者露出不太肯定的神情。我再問：「應把精力花在把 Haters 清零，還是擴大對機構產生好感的 Mass Pool ？兩條路，需要兩種策略。請大家先想想。」

做面向公眾的工作，機構人員一心一意想把事情做好，無論是推出 Campaign 或回應也好，去到公眾層面就總會有讚有彈、有 Like 有嘥，有些更留言重提舊事，質問：「為何你們當年咁咁咁？」（那些舊史甚至跟現時班子無關），機構人員見到此情此景，難免有 Self-defeating（自我挫敗）的感覺，但那是沒必要的。

若企業人員只聚焦把 Haters 清零：（一）清零是妄想，

是無可能的；（一）Haters gonna hate，有些人永遠以「睇唔順眼」的態度處世，當你已有 99 個好評時，卻在意一個負評，並因而氣餒，那是放錯焦點。勿在意負評，應着眼看正向改變。

我即時示範，打開客戶機構的 FB，跟他們一起分析：不能每次只數 Like 和嬲嬲，要懂得看微妙轉變。我指着近期那幾個 Posts：「看，當有 Haters 攻擊你們某時某刻『無做嘢』時，已開始有其他網民回應：『佢哋當時有做×××的』、『佢哋今次真係有進步喎』……」其實，陌生網民肯幫機構出頭講幾句話，已反映了機構在公眾心目中做對了一些事。這些努力，不能因繼續有 Haters 而被忽略。

公關層面和做人層面一樣，應對 Haters 的最佳策略，是擴大自己的 Social Capital（人際資本）。正所謂得道多助，籌碼夠強，Hater 除了在外圍指手畫腳外，安能動你一根毛 ?!

七又係你呀 ?!

近期跟業界公關老友相聚，幾個飯局都談到一個話題：為何近幾年一有「衰嘢」報道，都總會有那幾個企業／品牌的份兒？為何某些機構／品牌頻頻出現公關災難？次次都令公眾感覺：「七又係你呀？」大家講時都擰擰頭，一次半次賴唔好彩、行衰運、鬼揞眼諸如此類，但若次次出事都係你呢？那就是重要指標，顯示該公關在以下八項統統不足：（一）風險評估；（二）風險管理；（三）品牌保護意識；（四）危機管理；（五）相關持份者管理；（六）對內對外說服力；（七）社會輿情之敏感度；（八）公關責任意識。席間全都是業界出色的公關頭領，所服務的機構／品牌都風平浪靜，即使有小風波，也很快可平息，不會節外生枝或不斷尾，皆因把關工夫到位。

一哥 A：「要做到機構日日無事發生，背後的公關靈魂要識先機構之憂而憂，做最高層的，多無 PR Sense，當佢哋忽發奇想時，公關大臣就要識幫老細分析和權衡利弊，給

予景精準帛妥善的建議。如果老細個 Idea 不行的話，就要用醒目的方法話佢知。PR 人無 PR Sense，會陷機構／老細於不義。」

一姐 B：「若一間機構頻出公關災難，反映兩個可能性：（一）PR 真係唔識 PR；（二）佢喺老細面前毫無說服力。」

一姐 C：「天災意外無得好講，但一些明顯是 Judgment（判斷）的問題：時機、氛圍、行動及後果，公關是但一樣錯判，都會累街坊。」

對，公關是絕對要用腦做精準判斷的工作，我們在席間都慨嘆，有些公關把自己的職責只看成是 Executor（執行者），即老細話要做，不理好醜，就幫他們執行，而執行時又沒有考慮公關最基本的 Execution Protocol（執行程序模式），這包括：（一）Strategic Timeline（對外推出的逐步時序）；（二）Focused Message（焦點信息和說法）；（三）Actionable Plan（每一步的行動計劃）。那麼，關公頻訪也是合理的因果。

第6章
人品好，
公關自然好

公關教曉我的二三事

參與社交活動，心智成熟的人會明白，若答允人家，就要全情投入，這不僅是給主人家面子的禮儀，也是一種自身知性和修養的表現。在社交場合，以下幾種行為很小家子：（一）表現出很不耐煩、很不屑；（二）急着要搶風頭；（三）到場後企埋一邊（扮）埋頭覆手機。

頭兩類人是個人修養問題，需花很多時間改變（或成世不變），而第三類則多因性格內向或欠缺社交技巧，後天絕對可克服。

社交，就是與人交流。一切取決於個人如何看待與人交流這回事。有些人對交新朋友很正面、很 Welcoming，因每個場合都可能臥虎藏龍。反之，有些人覺得跟陌生人談話是很 Intimidating（受脅迫）或很想逃避的事。不過，既然出席了，大方大氣是應有態度，有幾點相當重要：

（一）踏入場合，人就要開氣和開揚，要有眼神接觸，保持微笑。此類場合，很多人都是不認識其他人的，只要有

個友善的陌生人靠近自己，實在求之不得，故勿怕與人主動展開話題；

（二）**留意自己的 Signaling（信息傳遞）。** 縮在角落埋頭盯着手機，即向全場發放強烈信息：「你哋咪嚟打擾我。」那還會有人夠膽或有興趣靠近？出席社交場合要投入，看展品、吃小點，在凝聚人的角落，就是展開話題的最佳時機；

（三）**到場後，可先找主人家或邀請商打招呼，一般識做的主人家會介紹賓客互相認識，然後讓他們 Mingle（混熟）。** 被介紹後與對方延續話題，是基本禮貌與義務；

（四）**留意對方的 Free Information**（傳播學的 Free Information 即是在交流期間不經意提供的資訊），**再向對方發問問題。** 例如，卡片其實蘊藏很多資訊，從名字到職銜都是話題（如我見過「Dreamer」這個職銜），那就可順勢問對方因由，讓對方發揮。

高質的交談者，都是由留意對方的 Free Information 開始，但首要關鍵是對人對事要有好奇心。

有回味感的人

那些跟他們談話之後有回味感的人，都有一個特質，就是他們都能令人意猶未盡，想一直談下去，又或期待下一次再會。令人意猶未盡者，毋須口甜舌滑，但一定懂得與人深度交談。

深度交談才能與人作有意思的聯繫，可由問問題開始。當然，我不是指那些挖人私隱或像審犯般的問題。**以對方為主、以發掘對方更立體一面為目的之問題，會令對方感到談話很不一樣，甚或刺激對方思考他們從來沒想過的自己。**當你展開的話題是圍繞着對方的時候，就是在表達了「我有興趣認識你更多」，每個人都喜歡被全程和全情關注，那當然會令對方感到意猶未盡。

交談時，我很喜歡以這些問題跟對方展開話題（當然要視乎氣氛和場合），包括：

（一）到現在為止，人生做過你認為最 Wild（瘋狂）的事情是甚麼？（從答案可略知此人要很守規矩抑或較能破格；

很沉悶或是較跳脫。）

（二）最近有甚麼 Exciting（令人興奮）的 Personal Project（個人計劃）？（是否比問「你點呀」更有趣？）

（三）近日有甚麼電視節目／電影／Podcasts ／書，令你覺得很精彩／刺激到靈感的？（我經常從這條問題獲得不少很有質素的推薦，更可藉此了解對方喜好。）

（四）你心目中最完美的週末是怎樣的？（會更了解對方平時真實的週末如何度過，其理想生活與工作平衡點等。）

（五）對自己的將來有甚麼想像？（從而更了解此人現時的狀況及人生擺位。）

有次，我就是在交談中問了一位朋友這些問題，然後聆聽對方發揮，回家後收到其短訊："That was the most meaningful dialogue I've ever had in my life"（那是我人生中最有意思的對話）。其實，在整個交談中，我說話的比例大概只佔兩成而已。

究竟交談是興味索然還是意猶未盡？問甚麼、如何問是關鍵。

無法令人產生好感的人

有些人散發着令人沒有意慾靠近的氣場，他們不是壞蛋或大奸大惡的人，但為何總是令人卻步？這樣的人，在其工作和社交世界裏，都會遇到問題。

人類是高度社會化的動物，天性很自然想令其他人喜歡。但想人喜歡自己前，首先要明白，在產生「喜歡」前，都需要「好感」這個步驟作先決條件，兩個新相識的人能否出現化學作用，取決於「好感」的生成。我們都應檢視和思考的問題：我是否有能力令人產生好感？又或，我為何不能讓人產生好感？甚麼地方需改善？沒有「好感」做第一步，隨後的喜歡、交往、情誼等根本不會發生。那麼，甚麼人容易令人產生好感呢？

美國北卡羅萊納大學教堂山分校的 Noah Eisenkraft 和聖路易華盛頓大學的 Hillary Anger Elfenbein，兩名教授提出了一種人的特質，叫「**情緒風采**」（Affective Presence），指出**每個人的存在都帶着一種情緒特徵，當一**

個人在群眾中出現時，會令其他人產生某種情緒。有些人甫亮相，會予人安定感、放鬆、愉快或熱情滿滿的，他們屬於良好的情緒風采。反之，有些人甫出現，就會散發令人有壓力、緊張、驚嚇、厭惡、無趣、不悅、不安、怪異等情緒，此跟多言寡言無關，卻與性情有關。

譬如說，寡言而沉鬱性情所散發的情緒風采，也可令周邊人不想靠近。又或滔滔不絕卻予人壓迫感者，同樣負面。但凡「情緒風采」令其他人產生不好情緒的人，是無法令人有好感的。

這也說明，為何人們在工作或社交場合中，會遇到一些解釋不到為何就是討人厭的人，而他們通常沒有／未做過甚麼壞事就已被人生厭了，Noah Eisenkraft 及 Hillary Anger Elfenbein 的研究說明，現實世界中，有些人確實就是比較討人厭、無法令人產生好感，而這些人的「情緒風采」必然出了問題。

懷才不足

　　友人告知，坊間曾經有個很有趣的班，名叫「懷才不遇自救班」。聽罷，我笑得人仰馬翻。單看名稱，甚具娛樂性。試想像一下，報名者會是甚麼人呢？（一）首先自命是個「才」；（二）暗自輕嘆縱有才華和才氣，可惜時不利兮，天妒人忌，所以一直「不遇」；（三）自恃傲氣，死不求人，與「不識貨之人」不相為謀，寧日等夜等等運到，結果等到花兒也謝了，仍無人賞識，惟有「自救」搵出路。

　　這個「懷才不遇自救班」，本身已充滿辯證思想：懷才不遇的人那身自傲，就是不屑要人救和教，但要學「自救」，又得首先要參加這個班、靠一個外人教自己如何自救，單看這個辯證邏輯已極富娛樂性。可以想像，班中大概都是自命不凡、鬱鬱不得志、憤世嫉俗、缺乏自省能力，卻認定是上天或其他人跟自己過不去而導致他們「不遇」之輩，如此濟濟聚於一堂，何其壯觀。

　　遇到自以為懷才不遇的人，心裏很想叫他們看看這本書：

《你以為的懷才不遇，只是懷才不足而已》（書名那麼明顯，當然到最後沒有講出口）。作者小令君是 80 後，她來頭不小，是在中國擁有十多家分店的米有沙拉（Meal Salad）創辦人，亦是被《福布斯》雜誌選為中國 30 位 30 歲以下精英榜的人物。她一針見血地對那些自以為懷才不遇的人說：「當你的才華還撐不起你的野心的時候，別好高騖遠」、「在職場上，少點情緒，多點行動」、「很多時候，不是廟太小，而是你太弱」、「你那小得不能再小的才華，並不值得多驚喜的偶遇和多長久的仰慕」、「鍛煉情商，才能撐起你的才華」。小辣妹一矢中的。

　　我未認識過一個自覺懷才不遇的人，是真有非凡才華的。若一個人整個人生都「不遇」的話，那就是自己的問題，與他人或上天無關。曾遇過幾個自覺懷才不遇的人，才華不見得，人緣卻必定差，成身散發着負能量和情緒。有情緒問題的人，必定有行為問題。看見他們某些行為，就知道為甚麼他們有這樣的命運。若成世人都「不遇」，其實最大的責任是自己。

Talk is Cheap

　　越未在實體世界成過事的人，越理論多多。此類人在各界別都不少，經常在人家未有主動請教時，就「大師」上身般幫人分析、教人應如何如何。例如，我認識一名「特許財務分析師」，經常在朋友面前教人如何理財、投資、看大市，而最有趣的是：（一）被「教」者根本無表示過有興趣或問過相關問題；（二）該分析師自身財務不甚了了，屬「月光族」（每月花清光）；（三）被「教」者根本無此需要，人家理財有道，肯定比該分析師富泰。兩人的底蘊我都熟悉，我從旁觀看，自己財務都未搞得掂者，竟教人家打理財務，極具娛樂性。

　　此外，遇過自命養生大師者，人家分享甚麼食材或食療即撲出來嗌唔好食、唔可以、無益，然後引經據典（不時錯解文獻）。點呀？人家又不是一斤一斤擺落口，況且真正養生之道是要看個人體質、陰陽配搭和平衡，單一看某種食物的屬性就下判斷，還多多理論要人跟着做，不知於人有何建

設性。而最重要的是，該養牛大師的身體狀況也不見得好。

Talk is Cheap，我對此類人不會客氣：（一）理論多多而從無在實戰中成過事或有戰績的人；（二）講大堆將來會點點點、但目前原地踏步之人。每逢遇上理論多多急不及待要教人點點點之輩，我會問：「咦，咁根據你呢個做法，你賺過最輝煌一次是多少？有邊方面對你嘅生活品質大大提升？身體哪方面獲改善呢？」我曾經只是問過以上其中一條問題，理論多多者稍作停頓、面露尷尬之色，然後顧左右而言他。咁即係無「戰績」啦！自己無成功過仲好意思去教人?!

據我觀察，真正在現實生活中務實地打過仗兼有戰績的人：（一）根本沒有時間逢人都想去教（尤其是在人家沒有表示想學之情況下）；（二）亦毋須藉理論多多要人知道自己幾有料，皆因其戰績就已說明或證明一切。只有在實體世界做不出真正成績之人，才要藉齋噏去刷存在感；（三）為人通常非常低調。

理論多多的人，其實最好先踏踏實實在自己身上證明一點成績，到時自然有人主動請教，否則甚麼理論都只是空談，咪嘥人時間，更咪累人。

玻璃心

　　玻璃心要譯做英文，可以用 Snowflake（雪花），泛指過份敏感或容易被冒犯的人，即正正就是那些玻璃心。例如：He's such a snowflake that he can't even take a joke（佢玻璃心到連俾人笑都忍受唔到）。除了用 Snowflake 外，也可用 Take Umbrage。當我們形容一個人 Takes Umbrage，意即此人很容易在沒有太明顯的理據下，因為別人的說話或行為而感到被冒犯。例如：He takes umbrage at others' casual remarks（他因為別人的無心說話而感到被冒犯）。

　　我發現，玻璃心其實也有嚴重程度級數，有一種是對人家任何不同意自己之表達都完全忍受不到；再嚴重一些，別人根本不是那個意思，他卻終日杯弓蛇影，以為別人總是針對自己、衝着自己而來；再病入膏肓者，人家稱讚別人卻不讚他，都不可以，皆因已可傷害他弱小心靈和強大自尊。一個機構，若有上司嚴重到此，好弊，即任何人不可以好過佢，但佢自己水平又低，其他人要生存，只能比佢更加低。

玻璃心或多或少關乎自卑心，暗啞底覺得自己有讓人看不起之處，才老是覺得全世界都看不起、針對着自己。而最有趣的是，玻璃心通常不覺自己玻璃，一般是個個都知，就只有當事人不知，強裝強者效果猶如國王的新衣。而此類 Snowflake 又通常 Overreact（反應過敏），神經一觸動就暴跳、大吵或反擊。所以，在日常生活中，但凡遇上這些「雪花膏」（病入膏肓的膏），我必視遠離為上策，一來與他們相處甚麻煩，說話要就住就住，以免唔覺意傷其小心靈或大自尊；二來此類人通常過敏神經質，他一地玻璃時，容易劐親我對腳，咪搞！

嚟到就嚟，不如唔好嚟

　　大夥兒活動或聚會，如舊同學、同事或朋友聚餐，我最不喜歡遇到這類人——不答覆出席還是缺席、態度總是模稜兩可，然後拋出一句「嚟到就嚟」或「見到我就見」。

　　這種態度極度自我，世界像圍繞着他去轉；「嚟到就嚟」，即當下未能應承，但若突然聚會當日有空兼有心情，或臨時決定出現也說不定。這些人沒有考慮到，有些活動是需要一早計算出席人數預訂或預備食物，一句「嚟到就嚟」，那叫人預你還是不預你好？

　　大夥兒事情，要考慮到別人，有事來不了，那是稀鬆平常的事，爽爽快快道出「當天已有安排，今次來不了」，那人家好辦事，亦不會感不悅。都成年人了，若連如此基本待人接物的社交常識都沒有，人緣好極有限。另外，有些人模稜兩可，人家在安排活動上早已忘記其存在，但到時又失驚無神出現，令本來預得剛剛好、每人一份的東西（例如西餐），突然唔夠分，打亂人家陣腳兼掃興；這樣無端端出現，

莫非以為自己是國際超級巨星乎？

　　一個成熟的社會人，是不會用這種態度去待人的。我對這類經常以「嚟到就嚟」之態度回應人家邀請的人，沒有任何發展交情的興趣，此類人薄情、自我、飄忽、不值得信賴，其思維能力只能諗到自己而已。跟此類人交往，只有單向，他是沒有能力與人建立雙向關係的，但大家的時間和精力都有限，我不作此等嘥氣嘥心機之舉，全世界又不是只剩得他一個人。若我是活動或聚會的主辦人，有人回覆「嚟到就嚟」的話，我會乾脆笑笑口跟他說：「咁今次我唔預你喇，下次先再問過你啦！」老老實實，時間有限，無必要作無謂等待，然後隨即把此人在是次聚會群組剔除，皆因：（一）聚會已與他毫無關係；（二）杜絕他得悉聚會詳情後，失驚無神當若無其事在當天出現（世界真有面皮成尺厚之人）。至於「下次」，對待這類人，你話仲會唔會有下次？

騎呢約人汰

　　老友約會，隨意最好，話明老友，必有默契，約好某日，說了便是。公務約會，約人理應專業，但不是個個有這種Sense。專業，乃指識尊重別人，考慮到別人的時間跟自己同樣寶貴。有些確實做得很專業，從發函邀約說明時間地點外，與膳者還有誰人、泊車安排，再到約會前夕的溫馨提示，令受邀者感覺舒服。當然，一樣米養百樣人，很異常的約人方式也遇過不少。

　　有一回，答應了某人在某個公眾場合講話，那完全是俾面事宜，但由答應到活動舉行前一天，其間足足一個月，從未收到邀請人任何聯絡，其實我不恨做這場講話，最好收到通知取消，但既然早已答應了，至少要做到的，是不失信於人。至於對方如何做人，則是他的責任。好了，明日清早的活動，今日下午五時還沒有通知，當然，我這方是有大條道理翌日 No Show 的——「閣下之後一直沒跟我Confirm」——但這不是我處事的方式，加上這不是兩個人

之間的事，有參與者又有大會，無謂累人。於是，不情不願地發了 WhatsApp 過去，對方若無其事地回覆：「啊，是呀，請於上午×時在××等。」如此冇搭霎，豈有下次？

近日又有人約談公事，事前說好某日公務午餐，但何時何地全未講過。明天便是，惟前一晚仍無人聯絡，其實公務午餐時段，由十一到三時都可以約，每個人都可能在午餐時段前後已密密麻麻安排了其他事項，就像我，當日二時已要開另外一個會議。作為邀約者，總不能假設人家整天呆等，就是為見你一個吧？無人聯絡，我也落得清靜，反正那場公事，是對方要求。結果對方是甚麼時候聯絡我呢？約好公務午餐當日的上午十時，我惟有告知下午二時要在別處開會，這個時間這個地方不許可，改期吧！我不知這位仁兄是自我中心還是無尾飛砣，但見微知著，還會想跟此類人談公事？傻的嗎 ?!

慢性抱怨病

　　世上有種人，一開口就是 Complain（抱怨），甚麼事都怨一餐，天氣、交通，當然還有身邊的同事、朋友或伴侶。這些人屬於 Chronic Complainer（慢性抱怨者）類別，特徵如下：（一）甫開口就是抱怨，從他們的嘴巴出來的，沒有一件美事；（二）成身怨氣重，永遠覺得世界對佢唔住；（三）一味只得把口，怨呀怨，但從無想過要做任何行動，去改變嘴裏所抱怨的人或事。

　　職場生涯中，總會遇到一兩個慢性抱怨者。這類慢性抱怨者有不同動機，有些是為 Complain 而 Complain，有些以為這樣可以博到人同情或關心，有些則以為這樣可以與其他人建立一種 Bonding（同盟之情），能與這類人變成同盟的，只有一類──就是本質上都是同類的人，所謂物以類聚。

　　事實上，Chronic Complainer 離不開成為 Loser（失敗者）的命運：

　　（一）一個花了人生大部份的精力和時間去埋怨的人，

能做得出甚麼成就來？成功的人只會向前望，根本不會把精力放在過去式的人或事，然後滿口怨言；（二）再者，沒人會喜歡長期與慢性抱怨者相處（除非同類），故其人緣必差，一個人無人緣，難有真本事，亦難成大事；（三）越愛抱怨→越做不出成績→越失敗→就越怨天尤人，於是這個 Loser Mindset 就一直無限 Loop。

遇上此類一身負能量的慢性抱怨病患者，無得傾，必定要實行「無限期兼無邊際社交距離」！

一招對付怨夫怨婦

我們時間寶貴，與其花在慢性抱怨者身上，倒不如花多點精力在值得花的人身上，例如家人、愛人，又或提攜積極用功的後輩。若不幸遇上一身負能量的慢性抱怨病患者，如何保持「無限期兼無邊際社交距離」呢？

（一）首先不要自己孭起改變或感化他們的使命，要 Detach Yourself（與對方保持距離），要告訴自己，我的人生使命應大過湊一個麻煩人。要明白，有些人係唔到我哋去改變或感化的，各人有各人要行的路，這些人之後的命運如何，我們沒必要和責任去承擔；

（二）當對方開口抱怨這、抱怨那時，不要表現出同情或投入的情緒，否則你的行動是在鼓勵對方繼續；適當時，更要來一招 Change the Subject（改變話題），堵截那股怨氣，亦同時靈巧地暗示自己對那個話題沒有興趣；

（三）若對方仍繼續 Complain，就要來終極一招 Challenge the Person to Act（挑戰對方用行動作出改變），

此處意指提供對方變換思維方式（從消極抱怨思維到積極行動思維）去面對抱怨情境。

挑戰不一定要用挑釁口吻，例如，當對方不停地呻老細白癡、同事低能、下屬無助力等，可以向對方來一句：「咦，聽你咁講，你份工衰到咁，做乜仲唔走呢？快啲行動！即走啦！聽日就打辭職信！」這番話的目的不是旨在改變對方，而是志在打發對方，慢性抱怨者都只沉醉於抱怨狀態，根本從無打算採取任何行動（夠膽或夠能力採取行動者，就不會只識怨、得把口），被你這樣一問或一拋，對方必定收口，兼且以後再不敢煩你。以行動壓力打發缺乏行動者，此招用來對付怨夫、怨婦，萬試萬靈。

不令人難受是種修養

　　有些人從不會向人說「謝謝」（或唔該晒）、「對不起」（或唔好意思），兩句看似稀鬆平常的說話，幼稚園生都識講，但偏偏有些成年人就是不會說。

　　從不向人說謝謝或對不起的人，大概有幾種心態：（一）人家的幫忙或人家對自己好是奉旨，甚至覺得「我叫你幫／我俾機會你對我好，係你榮幸，直情益咗你」，那是「自戀」到有病（Narcissistic）的心態；（二）從不覺得自己做錯／做得不好，那是毫無反省能力的自我中心（Egocentric）之流；（三）自尊心過盛，覺得自己地位超然，對人講謝謝或對不起，乃示弱表現，反映此人有自我感覺優越的心理問題（Superiority Complex）。

　　不令人難受是一種修養。心智成熟的人，會在人家幫了自己時表達感謝，又或當意識到自己令對方難為、難受或難過了，會說聲對不起。在自己應該做的時候，連講聲「多謝／唔該晒」或「對唔住／唔好意思」都不願的人，其心理健康

必有點阻滯。

做人做到相當年紀，若連這樣簡單的一個待人接物關口都不及格，說明其自我修正能力奇差，其實講句「今次真係唔該晒／今次係我疏忽咗，真係唔好意思」有幾難呢？人心肉做，本來氣上心頭，但見你誠意十足，最終又點會嬲得落？人際相處，就是要管理好當中很微妙的情感，適當時向人講聲「多謝／唔該晒」或「對不起／唔好意思」，是人際關係的潤滑劑。

有人想對你好，也得給對方一個充份理由去繼續，一句感謝可能令人再有為你赴湯蹈火的動力，一個道歉或會令情誼繼續存溫；相反，連簡單一句能潤飾關係的話都不屑講的人，把自己放得高過對方感受，久而久之，人家還有甚麼理由把你放在當心處？

見微知著，一個人如何對待「謝謝」和「對不起」這簡單的兩句話，間接反映了其個性、內涵和教養。

話到嘴邊

　　說話反映一個人的焦點。甫開口就嫌三嫌四的人，焦點總放在別人「不足」和「缺失」之處。想起張愛玲的名言：「悲觀者稱半杯水為半空，樂觀者稱半杯水為半滿」，一個人悲觀，是有原因的，因其看世界的視覺全是半空，如莎士比亞在《李爾王》所道："Nothing will come of nothing"，若時運低遇見這類人，不用花氣力去游說他們那是半滿。若他們有能力具備如此視覺，早就擁有，否則，別人的點醒作用有限。

　　這世界總會有人樂觀一點、又有些人是悲觀一點吧，一個人自己要盡情悲觀，是個人選擇和自由，那倒沒甚麼。但當一個人常將其半空焦點掛嘴邊，嫌三嫌四，Complain、Complain 又 Complain，呢樣唔好、嗰樣唔夠，那就不僅是其個人問題，而是嚴重地影響他人了。

　　成日嫌三嫌四的人，明顯有兩大特徵：（一）凡事只看到半空和不足；（二）把口唔識收。若只看到半空，少出

句聲沒問題，但煩就煩在他們會把半空思維延申成行為，不斷向其他人發牢騷：「點解得半杯水？」「點解你唔幫我斟滿？」「點解淨係得水？」「點解無果汁？」煩音本身已擾民，說出這樣的話來，亦對任何關係毫無益處，若不幸有這樣的朋友、伴侶、下屬或同事，掩住對方把口不太可能（雖然好想），所以就要訓練自己要有「動態 Dreaming」的本事，即隨時隨地、無時無刻都能靈魂抽離、肉身魂遊發白日夢去，話之對方吟到天荒地老。

曾聽過一位朋友分享其處世智慧：人與人之間，貴乎二字──「知止」，用廣東話演繹，即「識停」。有些人口吐芬芳，皆因心念是與人為善；有些人卻剛剛相反，一開口即（令人）口吐白沫，皆因下下不是嫌就是彈，實在趕客。話到嘴邊，若於人無益的話，兩件事要懂：識修（修飾）和識收（收口）。

學歷不等如魅力

　　不同場合總會遇上新相識的人。有些人甫介紹就強調自己讀過甚麼書，有幾多個學士、碩士學位，有幾多張文憑諸如此類，這對其他人或奏效，但偏偏遇着我這個不太崇拜乜士物士、並深信學歷跟質素無必然關係的人，那就不中用了。聽着對方列舉履歷，心裏頭不禁湧出很多問號：「佢當自己見緊工？」、「我似 HR 嗎？」、「呢位人肉 CV 幾時先肯停？」……人家滔滔不絕，我卻開始魂遊四方。

　　有時視乎情況，當然，可以走的話不會覆，但有時又不想速逃得像速龍那樣突兀，我雙眼就會開始四處尋覓，靜候遠處一個熟悉的面孔出現，然後時機一到，馬上來一句：「Wow（人家講咁多，無非期望你俾一個如見曠世奇才之讚嘆反應，因此，這個『Wow』絕不能吝嗇）！咦，唔好意思，見到熟朋友，過去打個招呼先！」馬上頭也不回地奔往那張熟悉的面孔。而我發現，這些認為自己學歷是賣點的人，又確實沒有甚麼其他賣點，講多兩句就知其人生，橫睇掂睇任

何角度睇，都是平面一塊，生命質感如其文憑一樣，薄如一張紙，究竟此人哪裏來的沾沾自喜呢？則無從稽考，亦不得而知。

其實，一個人有幾多讀書銜頭，絕對不是人生的決勝點，是否言之有物、是否令人喜歡，更為重要。有些人，沒有高學歷，反而甚有智慧，真正是「與君一席話，勝讀十年書」；有些則是滿腹珠璣，開口便知，根本毋須自列學歷那麼滑稽。那甚麼人要以「我係雙學／碩士」、「我係 X 博士」去介紹和 Define 自己呢？我猜，大概是那些以為學歷就等如魅力的人吧！但事實是，學歷跟魅力無關，正如頭銜跟內涵無關一樣。

看着這類人巨細無遺地列舉自己是乜士物士，幾乎連小學踢西瓜波比賽攞第一也要拿出來講，我從其人身上看到：「只要你唔覺得尷尬，尷尬嗰個就係人哋」（其實係別人戥佢尷尬死）的真人演繹。

切忌下巴輕輕

　　現代人腦筋轉數快，學一門專業知識無難度，很快上手。**但一個人能否在社會立足，不僅靠擁有一門專業知識和學位文憑此類硬件，書本以外的軟件知識亦不可或缺。**例如，一個人的信用／可信度（Credibility），往往較其是否在行內最優秀醒目更重要。一個人經常下巴輕輕口輕輕、凡事得得得但到最後辦不到，實難以予人有信譽的形象。一個人說話是否具有份量，乃觀乎其是否兌現承諾，否則，任你事前講到誠意十足、天花龍鳳，承諾不兌現的話，講多都只是廢話。

　　當然，從下巴輕輕者的視覺出發，會話你知，他們應承對方時，真的有意圖（Intention）辦到㗎！墨爾本心理學家 Emma Cholakians 提醒下巴輕輕之人：喂，應承人之前，要分清自己究竟只是好有誠意的 Intention ？抑或是真正能以行動兌現承諾的 Commitment ？講 Intention 係人都曉，做不到時還搬出當初好有誠意的 Intention 去解釋（掩飾）自己為何兌現失敗，何其難看！

見過太多成事不足又藉口多多的人，永遠有「我唔知呀」、「我都唔想㗎」諸多卸膊藉口，所以經常苦口婆心提醒年輕人：一個人立足社會，都是靠每一件小事情去 Earn your Credibility（贏得信譽），若一早估計自己辦不到，先不要口輕輕應承；一旦作出承諾，就必須做得到。

　　做人寧願 Under Promise, Over Deliver（低承諾、高效果），也不要 Over Promise, Under Deliver（高承諾、低效果），否則，只會令人失望，印象大扣分。事情做得不夠好可以補救，但失信於人要挽回就十分艱難。信任、信用和信譽，是一個人在社會立足最重要亦是最值錢的品格；下巴輕輕口輕輕者，人家唔聲唔聲，只當此人是扶唔上壁之流而已。

甚麼人說甚麼話

美國德州大學奧斯汀分校的社會心理學教授 James W. Pennebaker，專門研究一個人的詞彙庫反映甚麼。他證實，一個人如何說話，可反映其性格和心理狀態；即是說，甚麼人說甚麼話。

每一個人，都有慣常用的一組詞彙，其實也代表其人看世界、看事物、看他人的框架和價值觀。例如，若一個人最關心他人的，只是「佢搵幾錢一個月？」那我們大概可知，錢就是這個人的世界觀，他是以錢去打量和衡量別人。又或者，若一個人經常把「唔好蝕底吖嘛！」掛在口邊，那「着數」和「蝕底」就是其價值觀的框架，人生最大動力和盤算是「攞盡」和「唔蝕底」。

一個人的詞彙庫，反映其內在底蘊。用甚麼焦點去看人，往往就是自己內心所匱乏的，因而才會把那個條件放到很大去看世界。例如，「你睇下佢，懶靚咁！」「哼，懶幸福咁款！」甚麼人會說這話？就是打從內心深處自覺唔多靚或唔

多幸福的人。真正有自信又過着幸福生活的人，享受人生都來不及，還會得閒終日盯住誰個懶靚或誰個曬幸福嗎？

再舉個例：成日話人「好巴閉咩／巴閉喇／唔係好巴閉啫佢」，說話者所指的對家，究竟巴唔巴閉：（一）我們不知；（二）亦非重點；（三）對家或從無想過要巴閉，但有一點可以肯定的，就是說話者衡量事物的框架係以「巴閉」作為看人看事看自己的軸心。若以 Pennebaker 的研究去理解，說出「好巴閉咩／巴閉喇／唔係好巴閉啫佢」這類酸話的，絕非一個心理健康、健全、正面或正向的人。另外，凡事用「巴閉 vs. 唔巴閉」去看世界的人，大概可猜想，其眼光、視野、格局只可去到邊。

職場上或社交上遇上這類人，當然九秒九彈開，皆因：（一）成身負能量，費事受感染；（二）免被誤會為同道中人；（三）這種人「憎人優秀厭人庸」，比他好會被視作「懶巴閉」，比他差又被嗤之以鼻。這樣質素的人，或許其人自以為好巴閉，但實情是令人好閉翳。

第 7 章
PR 職場
智商

職場是江湖

被《時代雜誌》譽為「現代廣告大師」、英國廣告公司 Ogilvy 副主席 Rory Sutherland 曾提醒年輕人：「去找一、兩件你上司做到很爛的事，然後把那些事做好。能跟他人互補，遠比跟他人相同更有價值。」事實上，在公司裏，某人是容易遭代替的，那說明他只是機構的一個「平均人」，說白了，即是閒角一名。幫自己在機構做好 Positioning，才不致被看成可有可無。

但 Positioning 是要在重要位上「中」，才有意思，否則把自己 Position 在機構沒人重視的東西上，那只是把自己放在一個會被人感覺 "Weird"（怪異）的角色上而已。Positioning 要「中」，當然要重點出擊，瞄準上司，慢慢觀察上司需要甚麼、討厭做、不擅長做甚至做得很笨拙、很爛的是甚麼。當然，上司那些做得很爛的事，是對公司來說重要的。找到那一兩件上司做得很爛或很討厭做的，然後用心把事情做好，那是對公司作出貢獻之餘，也為自己建立不易

被取代的位置。

但我認為 Sutherland 只說了上半部份，最關鍵的下半部份他沒有道出：沒有一個老闆（尤其是那些小氣兼心胸狹窄的）想在人面前出醜的，若下屬替老闆做好他做得很爛的事，但卻讓老闆 Look Bad、在人前暴露其唔掂之態、急於將功勞歸於自己，請猜猜，這個下屬在老闆眼中，將會是得力助手還是除之而後快的眼中釘？看過不少功高蓋主還鬆毛鬆翼者，很多時惹來殺身之禍還不自知。

幫到老闆應付或處理其不擅長的事情、讓他在人前 Look Good，那才是完整地理解整件事的職場智慧（當然，這裏指的是正常上司，若遇上變態惡魔自私型、只懂踩住下屬自顧往上爬的老闆，根本無運行，那就最好等待最佳時機另覓天地）。究竟自己的出現，是老闆的資產還是負資產？是令老闆 Look Good 的人才還是 Look Bad 的蠢才？這些問題，大概可測量你在老闆心中的位置矣。

職場就是個江湖，要在江湖行走，不僅先要鍛煉一套獨門好武功，還需要有深諳人性的智慧。

搵工忌陳腔濫調

　　搵工首重履歷表，有決定命運的作用。機構未見其人，只能先靠那幾頁履歷去篩選。看過大學畢業程度的申請人，連「教育程度」那個標題也打錯成 "Eduaton"。履歷表，先不講內容，起碼沒錯字是常識吧 ?! 這種明顯錯誤，很難說服人可委以重任。如此甩漏，在第一關被篩走是合情合理的。

　　過了第一關，就要看履歷表的餡了。有形容而沒內容的，如：我是個 Team Player（有團隊精神的人）／ Strategic Thinker（策略思考者），僅有形容，卻無實例／成績／戰績內容提供，純屬空談。因此，進擊第二關，就是針對履歷表上給自己的每個形容，用內容支撐。

　　美國求職網站 TheLadders.com 曾發佈人事部最不喜歡在履歷表上看到的 15 個詞彙，因遭濫用到令人 Turned Off（倒胃）：

　　（1）Best of breed（最優秀）、（2）Go-getter（富進

取心）、（3）Think out of the box（跳出框框思考）、（4）Thought leadership（領導型思考）、（5）Value add（增值）、（6）Results-driven（結果導向）、（7）Team player（有團隊精神）、（8）Bottom line（底線）、（9）Hard worker（勤勞者）、（10）Strategic thinker（策略思考者）、（11）Dynamic（有動力的）、（12）Self-motivated（能自我驅動者）、（13）Detail-oriented（注意細節的人）、（14）Proactive（積極主動）、（15）Track record（往績）。

這些詞彙，不僅在人事資源領域，在商業世界也成了 Cliché（陳腔濫調）。例如，我最怕聽到人形容自己或自己部門／工作很 Strategic（策略性），這是極多餘的字眼，有哪部門、哪工種，毋須用腦及策略的？若有部門大大聲講：「我們的工作是毋須部署、計劃及有策略的」，那代表此部門其實可以摺埋。

必被扔掉的履歷表

履歷表決定一個應徵者能否有面試的機會，但太多人忽略其重要性。有在企業人事部工作的朋友跟我分享他們看到必扔掉的履歷表：

（一）**串錯字、錯文法或錯標點**：友人見過應徵者的履歷表上把 Manager（經理）寫成 Manger（馬槽）；有個更離譜，把 Public Relations Officer（公共關係主任）的 "Public"（公共）寫成 "Pubic"（恥骨附近）。"Pubic Relations"?! 看到友人眼都凸。一個人連自己要見人的事都做得那麼馬虎，又哪會對別人的事上心呢？一個連自己職銜都可以錯得那麼輕率和交關的人，你敢聘回來嗎？

（二）**應徵像徵友**：講求創意的產業或許另計，但一般其他工種，切忌用 Selfie（自拍照）又或旅行相做大頭照。友人收過有應徵者附上旅行 Selfie 不特止，還要衣着性感擺個 Cute Cute 甫士，令人懷疑應徵者是否寄錯地方？有一單更好笑，應徵者用上粉紅色紙張打印履歷表，然後再在信封

裏放進香噴噴香精。那是一份行政助理的工作，未開始已搞到自己那麼夢幻、浪漫和香艷，誰敢放這麼一個「尤物」在公司幫老細手？

（三）**連求職信（Cover Letter）都沒有**：求職信很重要，應徵者如何呈現自己？如何把自己的強項跟企業聯繫？個人風格如何？在在都可藉求職信傳達。連寫求職信都想慳番的人，對人事部來說，顯示三個可能性：（1）此應徵者懶到連一封信都費事寫，屬真正懶到出汁類別；（2）這亦說明應徵者不是很渴望得到這個工作機會；（3）應徵者抱着漁翁撒網式心態搵工，所以沒心神去對每一家應徵的公司寫封為職位度身訂造（Tailor-made）的求職信。連求職都懶寫，工作還會勤力嗎？

見工前先檢視個人社交平台

很多人都不知道，自己見工失敗的原因，或許是自己的社交媒體製造了臨門一腳的敗局。現在，很多機構會把閱覽應徵者的 IG、FB、Twitter、LinkedIn，視為 Complete Vetting（全面審查）的步驟之一。機構會透過應徵者的公開媒體，看看他們的私生活和真面目、朋友圈是甚麼人、在何處留過甚麼言論等，看看有否粗口爛舌、不雅照片、潛伏危險，又或經常在社交媒體放負、批評上司或同事等。

幾年前，The Harris Poll 曾在美國做了個調查，67% 的機構表示會查看應徵者的社交媒體，當中有 55% 因而作出不聘請的決定。因此，如果你正在搵工或見工，在準備面試對答前，應首先檢視自己社交平台公開模式的所有文字和圖片。現在，個人社交媒體已不僅是社交、分享、抒發或發洩功能，它已成為機構對應徵者或員工全面審查的重要工具。

或問，乾脆用假名避開僱主查看，或轉做私人模式，不就解決問題嗎？但弔詭的是，有 21% 的僱主表示，若今時

今日，一個人完全沒有在社交媒體有一點 Social Presence
（社會臨場感），毫無痕跡可追蹤，更覺此人有所隱藏
（Something to Hide）或無可炫耀（Nothing to Show），
同為不正常或不尋常之兆，更加不予考慮。

　　那怎辦？若正在搵工、見工或懷疑上司經常睇實自己社
交賬戶的朋友，將社交平台分開工作和私人類別，是最乾手
淨腳的做法。Twitter 和 LinkedIn 予人較專業感覺，在此呈
現工作一面，即使用公開模式，予人看個夠也無妨。FB 及
IG 則屬於較輕鬆、隨意和私人的平台，設定私人模式或把帖
文、相片轉至私人模式，也合情合理。大部份人都不會跟未
來老闆／現任老闆好熟，自己私人生活，毋須向他們交代或
公諸於世，把他們帶進自己的私人世界，易請難送，Simple
及 Naive 的傻人才會做。

人才和庸才

　　與某國際人力資源公司的副總裁閒聊，她說，現時每個行業對人才都有三大要求：（一）**行業領域的專門技能**（Industry Specific Skills）；（二）**社交媒體技能**（Social Media Skills），例如：自己在社交媒體的影響力（Influencing）；在社交媒體能發放吸引人的文字、相片或影片（Posting）等。

　　而我認為最重要的，是她說的第三項：**軟技術**（Soft Skills），皆因行業領域的專門技能，只要有醒目而有心者入到去一家公司，自然會邊做邊問邊觀察，很快就會掌握到最基本的專門技能；至於社交媒體技能，90 後出生的，基本上是成長於社交媒體年代，技術操作上應該毫無難度。但軟技術，其實不是技術性知識，而是涉及一個人的個性、思維和視野，需要長時間培養。現世代無論從事甚麼行業和職業，若沒有以下的軟技術，無論讀書有幾叻，都難以成為「人才」：Flexibility（靈活性）、Creative Thinking（創意思

維）、Networking（人脈網絡）、Reliability（可靠性）、Communication（溝通能力）、Critical Thinking（批判性思考）和 Team Management（團隊管理）。

面對現世代的種種挑戰，讀書成績已非決定「人才」的單一元素。Soft Skills 雖然被稱作 "Soft"，但實則非常重要。軟技術之培養，我認為有兩「通」之能力：（一）溝通能力；（二）變通能力。若一個人毫無溝通能力，一開口就會令人反感，又或頭腦硬化，人家已向前十步，其人還停留在用第一步的方式去處理第十步的問題，那絕非人才，分分鐘淪為庸才。

說話恐懼症

工作關係，經常接觸內地和本地學生，我發現這一代年輕人，在班上演講／發表讀書報告，大部份都很自如，全無怯場閃縮。大概他們在中小學課堂裏，已有很多訓練機會，習慣在人前表現自己。那是很好的軟技能，看到年輕人落落大方的表現，我內心是欣悅的；反而見過不少中年人有 Speech Anxiety（說話焦慮），英文字 Glossophobia 是用來描述那些對公眾說話帶有恐懼的人。美國 Gallup Poll 曾有調查顯示，十個成年人當中，有四個對演講有驚恐的心理，比畏高症、密室恐懼症、怕黑的人還多。

有人說過，未來是屬於兩種人的：能寫的、會說的。識字不代表能寫，發到音不代表會說。能寫會說，指的是能用文字和語言聯繫、說服、打動或觸動到人，那跟學歷無關。曾遇過學歷高的人，說話和文字皆死氣沉沉到令人覺得再看／聽／談下去的話，正常人也會變得憂鬱。一個人沒「生」氣，其說話和文字會反映出來。對着這類「催眠大師」，我會想

盡辦法速逃。文字和語言皆空泛或乏味的人，在這世代將要被淘汰。克服說話恐懼症不是夢，但要訓練，可從 F.A.T. 着手，尤其適用於非正式的社交場合或非正式演說。

F 是 Feeling（情感）：先以自己對那個主題所關乎到的人或事切入，一個人越敢於流露自己的情感或真性情，越容易令聽者留下深刻印象。畢竟，若只是講一些資料性的東西，人家自會上網找，何需你提供？能打動人的，永遠是帶有人味的人；

A 是 Anecdote（趣聞）：分享一、兩件與主題有關的趣聞，那其實就是 Storytelling。能隨時隨地說出相關趣聞，呈現幽默之餘，更顯示個人閱歷、觸覺和見識；

T 是 Tie Back（回歸主題）：把故事說完後，在尾段重申你想表達的中心思想或重點。

F.A.T. 當中，最吸引的是 A（Anecdote，趣聞），因我們都喜歡聽故事。趣聞豐富的人，其生命和視角也是豐富的。反之，有些人活了大半世，卻連一件半件趣聞軼事都啞口，那就先別趕着鼓動舌頭，得先檢視一下，之前那幾十年有否白活了 ?!

先做到達標才說

　　年輕人經常問人生錦囊，例如，「如何成為一個出色的×××？」我沒有驚世方法，但總會叫他們從最基本的原則開始：在如何成為出色的×××前，先把各方面做到達標才說，否則，想一步登天去到出色，那是跳步了。每個崗位、位置、角色，都有最基本的標準。假如在工作上屢犯專業操守，屢給自己或公司招惹官非，又或連專業牌照／資格都被釘，低過標準又豈能妄談出色？

　　我經常提醒年輕人，每個行頭都有其專業操守，犯法事、踩界事不能做，那是最基本的標準，因為：

　　（一）個人名字就是品牌、聲譽，在行頭圈子沒有秘密，誰曾有失德劣跡、污點跟足成世。若一提起那個名字，行內人即時可說出其劣史，那說明已是個壞了的名聲；

　　（二）做事手法給人留下「不達標」觀感，即使仍能在行頭生存，也只能吸引「不達標」的人與事，哪裏會有大格局或對標準有要求的人／客戶／機構，想跟低過水平的人黐

在 起？所謂「物以類聚，人以群分」，不介意找個「不達標」的，怕且水平也是差不多，所以「不達標」者永遠只能在低標準的維度繼續生存或經營。這與職銜無關，高職銜低水準的人，社會上不少，但對自己有點要求和自重的人，必不屑同流；

（三）違反專業操守，一次都嫌多。犯而不知，是蠢；明知故犯，是壞；屢犯不改，那說明此人無論做事做人，俱屬無得救級別，想由最低類別攀至出色類別，簡直想愶個心。

有些工種，伏位處處，引誘多多，很容易行差踏錯，需要格外警醒，嚴守專業操守，有些更需要有 Whiter than White 的態度。若連最基本的標準都達不到，在行內揹着一個有操守污點的名聲，基本上做人做事，皆與出色二字絕緣，極其量只能厚着面皮繼續在行頭打滾而已。

職場方程式：鋒芒＋圓融

　　職場乃競賽場，也是個考驗和修煉道行的地方，參與者喜歡與否，甫進競賽場就難免要面對競爭局面。即使自己無意與人鬥，也有可能被同事視為假想敵。在職場，要展示適當鋒芒的同時，又要做到圓融，少點 IQ、EQ 和 AQ（抗壓商數）都不行。

　　跟品牌設計大師李永銓（Tommy）相聚，他是鮮有兼容鋒芒與圓融，同時又拿捏恰到好處的人。想當年，剛 20 歲出頭的他，在廣告公司通過試用期後，即被擢升為 Art Director（AD），上司選中他，當然肯定其能力。但若從同事視角就不一樣了，當中全是比他年長和資深的人，人性偏向多不會先檢討自己夠班未，而是不服氣地問：「他憑甚麼？」面對一班酸葡萄的同事，日子當然不好過。Tommy 笑笑口回憶着說：「那種敵意，是我行過都有人想伸腳棘你那種。」道行未夠者遇到這種情境，通常只有幾個反應：（一）「同佢哋反枱囉，咩呀？」；（二）忍受冷暴力；（三）同

上司講；（四）自己辭職。

　　「我那時年輕，即使辭職，去到別處當 AD 同樣要面對不服氣的人。」Tommy 抖出當年的心路歷程，希望主動克服困難，決心要化解敵意，而他就用上了不一樣的方法。那時人人都希望賺多點外快，當時在行內有「Freelance 王」之稱的 Tommy，竟把個人利益拋出來跟視他為敵人的同事共享。漸漸地，同事的敵意慢慢消除。最後整個 Team 變成上下齊心的兄弟班，Tommy 則變成他們口中的「大佬」。

　　這種甘願把自己最大的利益拋出來，與日日令自己難堪的同事共享，是一種高度，很少人做得到。職場裏，很多人只顧放射自己鋒芒，卻欠道行去與人圓融，這就是看到一個人有幾多功力和功架的時刻。Tommy 的成功，不僅是耀眼鋒芒的懾人才華，還有真情圓融的深厚修為。

跟自己節奏工作

　　我們年輕時，大多跟着別人的節奏做事做人，若到中年仍要這樣，就太對不住自己了。尤其在工作方面，我們每人都有最能讓自己有效率、專注或投入的節奏和模式，若這段黃金時間給打亂了，猶如洩了道氣，未必能重回最佳狀態。年輕時，每當有人走到我的辦公室來，詢問任何問題或尋求幫手／給意見，我都會馬上放低自己手頭工作，先處理人家的事。後來發現，這不是辦法，首先影響自己的工作效率，其次是助長同事或下屬動不動一遇問題，就不加思索地去找人幫忙解決。每天為他人之事去忙，是自我放棄了自己時間和節奏的主動權；沒有認識和保護自己節奏的人，就像船沒有錨、樹沒有盤根一樣，終日忙忙碌碌卻不知所以然。

　　後來，**我想出一個好方法，到現在仍採用：每當有人突然出現在我辦公室面前時，我都會跟對方說：「麻煩你等我20分鐘，我正在趕一件事／一個死線。」**這樣說，表達了：（一）我正在忙得不可開交；（二）而且不是白忙，是客觀

上有工作或死線要趕；（二）我是非常願意接待你的，但也需要你的配合。這樣做，首先不會讓對方有 Hard Feeling，亦讓對方得知你確實很忙，而最重要的是，這 20 分鐘正好令那些其實沒有太大急切性、非得要你幫忙的人，在回到自己座位時，用其他方法把事情搞好，毋須再回過頭來打擾你。

有時，我們難免被某些沒有預期之事牽動情緒；帶着情緒作決定或回應別人，或會判斷錯誤，所以，給自己 20 分鐘調整心情，定一定神才去決定或反應，又或在頭腦發脹時寫下的電郵暫不發出去，讓它先過 20 分鐘冷河，然後再重讀一遍，才不致事後追悔。那 20 分鐘，就變成自己的黃金冷靜時段。

其實，是否一定要 20 分鐘呢？時段長短根本不重要，話明每人有自己的節奏，20 分鐘可能對我來說剛剛好，但對某些人來說，15 分鐘或 30 分鐘才是其黃金節奏，若照跟別人那 20 分鐘，就是跟着別人的節奏了。所以，最重要的是，自己節奏自己找。

好牌變爛牌的負資產

　　小時候讀天主教學校，聽過的這個故事最深刻：主人要外出旅行，他叫僕人來，把產業交給他們：一個給了 5,000 塊金幣、一個給了 2,000、一個給了 1,000，然後動身起行。那兩個分別領 5,000 塊和 2,000 塊金幣的，賺了雙倍。但那個領 1,000 塊的，卻只是在地上挖了一個洞，把主人的錢埋起來。

　　主人回來後，跟他們算賬。替主人賺了 Double 的兩個僕人，主人稱讚他們：「很好，你這又好又可靠的僕人！你在小數目上可靠，我要委託你經營大數目。進來分享你主人的喜樂吧！」這時候，到那個領 1,000 塊金幣、沒有進賬的僕人要交代了，主人一看大怒就罵：「你這又壞又懶的僕人！你就該把我的錢存入銀行，等我回來的時候，可以連本帶利一起收回。」於是，主人把他那 1,000 塊金幣也取回，並分給做得好的下屬。那個無用的僕人，最終被趕到外面的黑暗裏去，在那裏，他要哀哭，咬牙切齒。

以前看這個故事，心想：那個拿 1,000 塊金幣的僕人，起碼都保存到本金，都唔係太差，主人要做到咁絕嗎？但投身職場相當日子後，對這個《聖經》故事又有另一番解讀：

　　從上頭視覺去看，事情交給下屬管理，都希望他／她能做出一點成績來，沒有成績變相讓阿頭難看，例如一家上市公司，若持續向外宣佈今年業績（又）沒有增長，股民、股東會如何看？股價會怎樣？前景會怎樣？

　　從老闆角度去看：「你睇下隔籬，人哋可以做得好，點解你做成咁？唔識睇吓人跟住做㗎咩？」唔醒目都算，望吓隔籬做得好的，照抄都不曉，可能是蠢、可能是 Hea、可能是沒有 Sense，又可能是死牛一邊頸，總之不思進取就確實爭唔落。

　　做得阿頭，心裏對下屬都有一個未必講出口但又很重要的要求：「喂，啲嘢交俾你，唔該做得好好睇睇。」一個令上頭毫無光彩又唔醒目的下屬，本是攞住一手好牌，上頭原本亦讓他／她自由發揮，卻竟然打出場爛牌來，這樣的僕人，在上頭眼中已是負資產，被扔到黑暗處哀哭的田地，合乎劇情。

職場人忌阿巴溫

　　擺人上枱呢個行為極唔要得，仲要眾目睽睽下擺老細上枱，希望佢幫手處理自己爛攤子，乃職場大忌，既「唔知埞」又蠢。這類豬下屬在各大職場都有其足跡，有些還是高薪厚職。拿高薪，解決不了問題不特止，更替老細製造多多麻煩，你係老細會點諗？且從老細視角去看豬下屬：

　　（一）話咗俾你聽，我要睇到最終有乜效果，唔該醒少少，絞盡腦汁諗諗應點做，唔通要我執手教你？

　　（二）吩咐得你去做，喺人前就要做得好好睇睇，依家甩甩漏漏、程序錯晒、收唔到科，最終影衰嗰個係我唔係你呀！

　　（三）次次都無好嘢出，全不達標，應做的做唔好，唔應做的就冚嘣唥做凸，究竟你嘅價值喺邊呢？

　　（四）搞到一鑊泡，係咪應該自己搞番掂佢？做老細至憎嘅，就係幫做唔掂嘅下屬執手尾！

　　（五）成壇嘢你自己搞到連我都無眼睇，想我幫你執番

啲手尾，仲公然喺人前揚開？職場大忌你真係唔識㗎喎！職場大忌冧巴溫：NEVER, NEVER Put Your Boss on the Spot! 用中文同你講多次，即係：永遠──係永遠──唔好擺你老細上枱呀！

（六）個下屬搞衰一單嘢，然後想搬個老細出嚟幫自己解圍、解決同解釋，咁咪即係拖埋個老細落水?! 一單咁窩囊嘅嘢，想要個老細插手執番掂，你有無為老細諗過？唔通要老細陪你攬炒？

（七）真係嬲你唔知，鬧你又嘥氣，做得老細咁易出手㗎咩？一句講晒：衰嘢自己搞番掂佢！

成事不足、敗事有餘之下屬已夠眼冤，敗事後還想拖埋老細落水，更是可恨。

小心這類話語公式

　　職場話語，最忌一款毫無感覺的造句公式：「我好有信心⋯⋯」例如，「我哋好有信心來年一定做出一番成績！」或「我對我嘅團隊好有信心！」這類話語公式，講得多就會變滑稽，從聽者的視覺去看講話者：（一）你有信心並非代表我有信心；（二）更不代表我對你或你團隊有信心，講100句「我哋好有信心⋯⋯」遠不及一個已做到和做得到位的漂亮行動，直白一些去說：講多無謂⋯⋯不如實際做啲嘢嚟睇下啦！

　　觀察大部份講話者說話時的神態，言之鑿鑿，或許以為講就有人信，但他們可能沒有發現：

　　（一）聽者不在乎你有沒有「信心」，皆因大家都知，「信心」呢家嘢乃個人主觀認知，主觀感覺不等同客觀事實。例如，一個人主觀地好有信心自己美若天仙，並不代表其他人亦如是觀，因此，講「我好有信心」這類說話，無實質內容，即虛話、Fake Talk，你有無信心，重要嗎？Fake Talk

對聽者無甚意義，宜少講廢話；

（二）一般人認為，甚麼人、甚麼場景才會講「我好有信心」呢？就是過去和當下都毫無實際成績可呈現，那就惟有把焦點放眼將來。「信心」這回事，是「未來式」，即從未曾發生過，叫大家向前望最易嚕，但口嚕嚕真可當秘笈嗎？下下出來都只講（自己想像的）未來，長期處於有信心而無成績的狀態，無人會認真聽；

（三）環觀四周，實幹型的領導會出來講「信心」那些虛無縹緲的話嗎？有實質具體方法去解決問題的人，會坐言起行，不須多言，直接交代事件的處理結果。

自己說出來的「信心」，最不值錢。少講廢話，多做實事，成效見得到的話，人家自然對你有信心，何須自話自說？

衰咗死撐好 Lame

2019 年，Tesla 舉行新產品發佈會，推出新發明的 "Cybertruck"。馬斯克趾高氣揚地揚言，無一個品牌夠 Cybertruck 用最新科技研製的玻璃窗硬淨，即使用鐵球大力 揼亦絲毫無損。講到興起，仲即場搵員工向在場觀眾示範，結果在眾目睽睽下，整塊玻璃窗粉碎，馬斯克閃過一絲窘態 仍死撐：「Um……試下後面嗰隻」，結果一樣，最後只好 尷尬地說：「他太大力了！」近年，不少公眾人物都係威係 勢地講了些話，最後亦落得尷尬死撐收場。

職場智慧：公眾人物公開說話不要講得太死、太無彎轉， 在眾目睽睽之下，揚言要點點點做，去得太盡只會迫自己到 死角位。世事千變萬化，或客觀環境改變，或上頭心情／決 策有所不同，若跟車太貼，突然前面架車來個飄移揼彎，自 己煞唔住掣，即使未到車毀人亡，出醜的，永遠只會是自己。 當初言之鑿鑿，誓要咁咁咁，但歌都有得唱：「變幻才是永 恆」，若種種原因下，事情發展不如當初揚言那般，則原先

說話時的係威係勢氣燄，跟後來始料不及的 Oops 情景對照，那種滑稽和尷尬，顏面何存？

有些場景：（一）不能側側膊唔多覺；（二）不能死口否認話自己無講過，或請大家抹掉當自己無講過；（三）不能說「唔想再講」或「唔想再爭論」，這些修辭很 Lame（蹩腳），通常無法以理服人，才會搬出「唔想再拗」那些別人眼中明顯兜唔到、講唔通和拗唔贏的 Lame Speech。

因此，有點智慧的人，都曉得：（一）做事和說話，要留有餘地，而那個餘地，不僅是給別人，更是給自己的；（二）勿跟車太貼，急功者未必是最後贏的那位，相反，往往是行先死先那個；（三）眾目睽睽之下衰咗還要在人前死撐，其實好 Lame。

智慧清零

　　駕駛時見到前面車輛尾窗貼紙，寫着：「唔係好熟，切勿跟車太貼」，不禁會心微笑，這也是做人做事很啱使的一句，職場尤甚。打工仔受人二分四，好難唔跟老細路線走，但點跟呢？得看個人智慧。

　　職場上，如何最容易暴露自己零智慧呢？

　　（一）老細說話，零智慧友七情上面乘 N 倍跟足老細口水尾，毫無餘地和落台階留給自己。首先，其實零智慧友想點呢？想在老細面前爭取表現（表演）？有否想過老細係咪鍾意你咁樣？要在老細面前有表現，職場人應懂得：凡是在你手之事，先不要變成眾人面前滑稽、Non-sense，又或離譜之作，若次次事情都硬係搞到唔多掂（有時還累及他人）、肉酸或尷尬收場，那就是明顯零智慧，老細看在眼內，心裏有數。從老細視覺去看：「老老實實，同你唔係好熟，做嘢唔多掂就咪挨到咁埋影響（影衰）我。通常花心神想在老細面前表演之人，其實在老細眼中，是沒有實在表現之輩；

（二）駕駛者都知，車輛之間至少要保持兩秒距離，倘若前後車輛像鼻子貼屁股那樣，萬一前車有咩依郁，如忽然剎車、掟彎或飄移，那後面死跟的那位必然炒車，到時車毀人亡就是自己的責任。職場處境也是，做得老細的，隨時有瞓醒覺就改變主意之情況，做細的，若當初誓神劈願、言之鑿鑿、死都要做、唔做會死，然後突然老細一個腦筋急轉彎改變主意，噢，當初說到毫無轉圜餘地、誓死跟隨的那位小職員，如何若無其事而又不失顏面地迅速改口呢？尷尬啊！職場智慧：幫老細 Execute（執行）時，要醒目保持一點自身安全的距離，若在眾目睽睽下，再三炒車，等於自曝做事唔掂、人事唔掂、決策唔掂的零智慧。

為免不同人對「零」的定義有不同理解，容我略釋：「零」是指「沒有」、Zero、Absence of 之意。出來做事，智慧清零好弊，明明想在老細面前大肆表現（表演）一番，卻總落得自曝其短之收場。

離職是一場修養的考驗

職場觀人，不是看其上任模樣，皆因個個開頭梗係展示最好一面，要看就睇佢怎樣離任，這是一門學問，亦是一場修養的考驗。很多商業雜誌都寫過 "How to exit gracefully from a job"，證明這個課題何等重要！人既然要走，請走得優雅、大方、大氣一點，但不是個個有如此智慧。

一個人怎樣離職，從外內圍可略觀其為人。倘若外圍早已瀰漫一股「唔該佢快啲走人」、「唔想再見到佢」的氣氛，而當離任消息公開後，無人惋惜或不捨得，那其人得要自我檢討了。再看內圍，即如何處理自己的離任？職場離職智慧有三：

（一）Leave a job on good terms，**即好來好去**。離職（不論原因）既成定局，臨尾毋須再展現破壞力犯眾憎，這只會更讓人確認其神憎鬼厭；

（二）Don't play the blame game，**咪再賴三賴四**。這種做法說明其人毫無自省能力，尤其坐在領導位置的，臨走

仍強調一切都是下屬／別人的錯，更加證明其人並無領導者應有承擔責任（Own the Responsibility）的特質，繼續留低亦非機構、下屬之福；

（三）Don't insult anyone or anything，**勿侮辱他人**。最差劣者，仍想在臨走前用盡方法令同事難堪，又或把同事跌到攤攤腰，此乃心腸不善、心理不健康之表現。

一個人怎樣離職，可看出其人懂不懂做人的基本禮儀（Decorum）。若不懂基本禮儀，兼且犯齊以上三樣的話，看在別人眼內，會點睇？三個字講完：「格局細。」看一個人點樣離開，就知道點解佢要／被離開。

www.cosmosbooks.com.hk

書　　名	翻生公關——後疫情時代如何面向公眾	
作　　者	利嘉敏	
責任編輯	張宇程	
美術編輯	郭志民	
出　　版	天地圖書有限公司	
	香港黃竹坑道46號	
	新興工業大廈11樓（總寫字樓）	
	電話：2528 3671　傳真：2865 2609	
	香港灣仔莊士敦道30號地庫（門市部）	
	電話：2865 0708　傳真：2861 1541	
印　　刷	亨泰印刷有限公司	
	香港柴灣利眾街德景工業大廈10字樓	
	電話：2896 3687　傳真：2558 1902	
發　　行	聯合新零售（香港）有限公司	
	香港新界荃灣德士古道220-248號荃灣工業中心16樓	
	電話：2150 2100　傳真：2407 3062	
出版日期	2023年7月／初版・香港	

（版權所有・翻印必究）
©COSMOS BOOKS LTD. 2023
ISBN：978-988-8550-99-9